HEINZ BIENEFELD   Bauten und Projekte

同济大学出版社 TONGJI UNIVERSITY PRESS

HEINZ BIENEFELD

Bauten und Projekte

Manfred Speidel

Sebastian Legge

本册为 1991 年初版的 HEINZ BIENEFELD: Bauten und Projekte 一书的再版。

图书在版编目（ＣＩＰ）数据

海因茨·宾纳菲尔德 : 建筑与方案 : 中文、德文 /
(德) 曼弗雷德·施派德尔 , (德) 塞巴斯蒂安·莱格编著 ;
龚晨曦 , 张妍译 . -- 上海 : 同济大学出版社 , 2019.12
　　ISBN 978-7-5608-8899-6

　　Ⅰ . ①海… Ⅱ . ①曼… ②塞… ③龚… ④张… Ⅲ .
①建筑设计－作品集－德国－现代 Ⅳ . ① TU206

　　中国版本图书馆 CIP 数据核字 (2019) 第 286349 号

出　版　人 ⋯⋯ 华春荣
策　　　划 ⋯⋯ 周伊幸　秦蕾 / 群岛工作室
责任编辑 ⋯⋯ 杨碧琼
责任校对 ⋯⋯ 徐春莲
设　　　计 ⋯⋯ Sebastian Legge, Berlin
排　　　版 ⋯⋯ 付超
版　　　次 ⋯⋯ 2019 年 12 月第 1 版
印　　　次 ⋯⋯ 2019 年 12 月第 1 次印刷
印　　　刷 ⋯⋯ 联城印刷（北京）有限公司
开　　　本 ⋯⋯ 889mm × 1194mm 1/16
印　　　张 ⋯⋯ 15
字　　　数 ⋯⋯ 480 000
书　　　号 ⋯⋯ ISBN 978-7-5608-8899-6
定　　　价 ⋯⋯ 328.00 元（全二册）
出版发行 ⋯⋯ 同济大学出版社
地　　　址 ⋯⋯ 上海市四平路 1239 号
邮政编码 ⋯⋯ 200092

本书如有印装质量问题，请向本社发行部调换。
联系"光明城" ⋯⋯ info@luminocity.cn

Inhalt

VORWORT

Manfred Speidel und Sebastian Legge August 1991

Vor einigen Jahren machten wir eine Studie zum Thema Licht und Architektur.

Wir untersuchten dabei auch Heinz Bienefelds Wohnhaus, den umgebauten Bauernhof Haus Derkum in Ollheim. Unter allen Beispielen zwischen Barock, Expressionismus und Le Corbusier war Bienefelds Haus das einfachste. Es ist weder plastisch geformt, noch dramatisch zu Erlebniswelten von Licht und Schatten gestaltet. Es birgt etwas anderes. Die weißgekälkten Wände leuchten im Wechsel des Sonnenlichtes und nehmen alle Farben auf, die die Sonnenstrahlen auf ihrem Weg treffen: das Rot der Ziegelsteine des Hofes, die Kühle des Betonbodens der Halle und alle die Farben, die vorüberhuschen. Dort, wo die Sonne nicht direkt auftrifft, sondern reflektiert wird, erscheint es, als ginge das Licht von der Wand selber aus, als wäre sie die Quelle des Lichtes. Die Raumhülle scheint sich dann zu dehnen, die harten Grenzen werden durchlässig. Man beginnt zu atmen. Dieser frische Atem und ein körperliches Gefühl des sich Ausdehnens überkommt jeden Besucher eines Hauses von Heinz Bienefeld.

Kann man diese Qualitäten in einem Buch wiedergeben?

Nein! Das Buch ist lediglich Vorbereitung, vielleicht eine Anleitung zum Sehen oder eine Hilfe für die Erinnerung. Das Buch soll nicht die Wirklichkeit ersetzen oder eine andere Realität als Ersatz anbieten.

Wir haben deshalb auf farbige Fotografien verzichtet und statt dessen einige farbige Zeichnungen beigefügt, die im Schaffensprozeß des Architekten eine klärende Rolle spielen, obgleich ihre Farben nichts mit der baulichen Realität zu tun haben.

19 Projekte aus der Arbeit von 25 Jahren werden ausführlicher gezeigt, jedoch nicht unter allen Aspekten. Zusammen mit dem vollständigen und durch Grundrisse bebilderten Werkverzeichnis steht die Entwicklung des Raumgedankens im Vordergrund. Fotografieren lassen sich Details sicherlich besser, aber für die Baukunst muß der Raum an erster Stelle stehen, sonst wird alles andere zu „Kunstgewerbe".

Diese erste Monographie soll jedoch, dem Charakter Bienefelds entsprechend, so sachlich wie möglich sein. Seine Vorstellungs- und Gedankenwelt analytisch zu erschließen, ist ein Versuch, der „Sache" näherzukommen. Da Analysen die Aspekte teilen, können sie niemals das komplexe Vorstellungsgeflecht, das unendliche Suchen des Künstlers wiedergeben. Sie können vielleicht erreichen, daß man in der Sache, wie in der Geschichte Zusammenhänge auffindet. Sie können vielleicht auch der Anfang und das Fragment eines architektonischen Lehrbuches sein.

Die Wirklichkeit des Gebauten ist stärker als seine Darstellung, aber die Wirklichkeit des Bauens bleibt auch hinter den Vorstellungen des Künstlers zurück, ist selber nur Annäherung. Die Analyse kann einiges von den Konzeptionen herauspräparieren und bewußt machen.

Obgleich Heinz Bienefeld seit dem Ende der Fünfziger Jahre für sich bestimmte Grundfragen der Architektur mit dem Studium des Klassischen zu lösen versuchte, ist er, ohne die Grundsätze des Klassischen aufzugeben, durch sie hindurchgedrungen und zu Elementarformen gelangt, die neue Wege öffnen. Man darf gespannt sein, wohin das im Bau begriffene Haus Babanek führen wird.

Wir möchten uns bei Harald Lange bedanken für die Korrekturen der Texte und bei Christof Heide, Peter Krebs und Jens Winterhoff für die Zeichnungen zu den Analysen.

DIE WIEDERKEHR DER ARCHITEKTUR

Manfred Speidel

SUCHE

Heinz Bienefeld stammt aus einer Krefelder Handwerkerfamilie; Großvater, Onkel und Vettern waren Maurer, der Vater war Anstreicher, der Großvater mütterlicherseits Seidenweber.

Er wurde am 8. Juli 1926 geboren. 1942 hat er mit 16 Jahren, nach Abschluß der Mittleren Reife, die Schule verlassen. Was er danach tun wollte, wurde ihm spontan klar, als er, mit der Berufsberatung konfrontiert, wie von einem Anderen gesprochen, den Wunsch äußerte: „Architekt".

Chemie, die Stoffe und deren Reaktionen, wäre vielleicht noch eine Alternative gewesen. Er dachte daran, an die Dresdner Akademie zu gehen, jedoch wollte er zunächst ein Baupraktikum machen.

So kam er zu einem Krefelder Bauunternehmer und Liebhaberarchitekt, der hohe Qualitätsansprüche an den Praktikanten stellte. Für den

Dominikus Böhm. Taufkapelle Kriegergedächtniskirche, Neu-Ulm, 1925

„Jungen vom Lande" wurde aber im Winter die Baustelle zu kalt, der Lehrherr nahm ihn ins Büro und lehrte ihn Zeichnen. Bienefeld fertigte Zeichnungen für Luftschutzkeller an. Sein Lehrherr war weitsichtig genug, ihm zu erlauben, in seiner Bibliothek zu stöbern. Eines Tages entdeckte er in einer Bauzeitschrift aus den 20er Jahren ein Foto, das ihn stark bewegte: Es zeigte einen mystisch wirkenden Raum.

Sternförmig gefaltet verjüngte er sich nach oben, von wo er sein Licht erhielt. Das schien sich mit Mühe nur über die rauh geputzte Wand auszubreiten und verlieh ihr eine theatralisch düstere Stofflichkeit. Es erhellte eine kreisförmige Schale in der Mitte, von der ein ornamentaler Ziegelboden die Faltenschwingungen der Wand weiterführte und zur Ruhe brachte. „Hier umfing einen ein Gefühl für Monumentalität und großartige Materialwirkung." [1]

Es war ein Foto der Taufkapelle in der Kriegergedächtniskirche in Neu-Ulm, die Dominikus Böhm 1924-1927 umgebaut hatte.

1943 fand Bienefeld eine Monographie über Böhm, die sein Leben bestimmte und ihn noch heute begleitet.[2]

Im Juni 1944 mußte Bienefeld Kriegsdienst leisten und gelangte Ende 1945 als Kriegsgefangener nach England. In einem Jugendlager in Cambridge konnten die Gefangenen Kurse zur Weiterbildung belegen.

Bienefeld wählte Architektur. Studenten führten ihn in die Moderne ein und zeigten ihm in London ein gerade 10 Jahre altes Wohnhaus, das Walter Gropius nach seiner Emigration 1936 gebaut hatte. Aber Dominikus Böhm war „für mich der Fixstern, um den ich kreiste", und so schrieb er an ihn und bat um Aufnahme in sein Büro. Bienefeld erhielt eine etwas kühle Antwort: „Wenn Sie zurück sind, melden Sie

sich. Sie können dann die Aufnahmeprüfung an der Kölner Werkschule machen. „ Böhm war dort seit 1926 Professor.

Nach der Rückkehr aus England, 1948, begab er sich sofort zu Böhm. „Als er meine Arbeiten sah, hat er nichts gesagt. Sicher hat er die Hände über dem Kopf zusammengeschlagen. Sein einziger Kommentar war: 'Arbeiten Sie bis zur Aufnahmeprüfung!'"

Das tat Bienefeld bei einem Krefelder Architekten. Mit zwei anderen Anfängern zusammen mußte er ein fünfstöckiges Wohnhaus planen – eine Katastrophe.

Zwei Monate später bestand er die Aufnahmeprüfung an der Werkschule. Nur drei oder vier Studenten wurden aufgenommen. In Böhms Klasse waren insgesamt 12 Studenten. Ihr Studium fand in seinem Köln-Marienburger Büro

statt. Drei Jahre lang zeichnete Bienefeld dort eigene Entwürfe und schloß sein Studium 1951 mit dem Diplom ab.

Für seine Arbeit erhielt er das Zertifikat eines Meisterschülers und, damit verbunden, für zwei Jahre ein Stipendium. Er war der Einzige, der in der Nachkriegszeit als Schüler Böhms diese Auszeichnung erlangte. Da Böhm häufiger krank war, wurde er bald dessen Assistent und betreute die Studenten. Dominikus Böhm nahm seinen Lehrauftrag bis 1953 wahr.

In dieser Zeit entwarf Bienefeld im Büro viele Farbglasfenster. Die großen Glasflächen der Kirche und der Taufkapelle von Maria-Königin in Köln-Marienburg, 1954, stammen von ihm. Heute findet er sie gräßlich. Am Bau selbst hat er lediglich die Backsteinfassade entwickelt. Mit flach-hochstehenden Steinschichten und

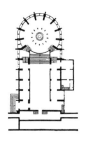

Dominikus Böhm. Caritas
Kirche, Köln.
Entwurf 1928.

Dominikus Böhm.
Frauenfriedenskirche,
Frankfurt, 1926. Entwurf,
Motto „Auferstehung".

Dominikus Böhm und
Heinz Bienefeld. Ansicht
und Grundriß, Wett-
bewerb Kathedrale San
Salvador, 1953.

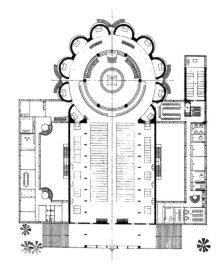

durchgehenden Fugen zeigte er, daß sie nicht-
tragende Verkleidung war.

1953 bearbeitete er den Wettbewerb für
die Kathedrale von San Salvador, zu dem
Dominikus Böhm eingeladen war. Er entwickelte
den Typus des Rundbaus mit Kapellenkranz und
hohen Spitztürmen weiter, den Böhm 1927 für
die Frauenfriedenskirche in Frankfurt schuf und
– gewann den ersten Preis. Den anschließende
Bauauftrag führte Bienefeld 1954 für ein halbes
Jahr in die USA.

Er verbrachte die Zeit bei dem Mönchsarchitek-
ten Brother C. Baumann in New York, der die
Bauausführung für die Kathedrale übernehmen
sollte.Der spanischen Kirche hingegen, die das
Projekt finanzieren wollte, mißfiel der Entwurf,
und sie kündigte den Vertrag mit Böhm.

Bienefeld hätte bei Brother Baumann bleiben
können, denn es fehlte an guten Entwerfern.
Trotzdem zog es ihn nach Köln zurück.

Er wäre damals auch gerne für einige Zeit zu
Le Corbusier gegangen, obgleich Dominikus
Böhm diesen immer beargwöhnte. Er erzählte
oftmals belustigt, wie er beim Besuch des
Corbusier' schen Doppelhauses auf der Weißen-
hofsiedlung in Stuttgart in dem viel zu schmalen
Flur stecken geblieben sei.

Le Corbusier zahlte seinen Mitarbeitern nichts,
so daß für Bienefeld, der 1955 geheiratet hatte
und eine Familie versorgte, eine Arbeit dort gar
nicht in Frage kommen konnte.

Nach dem Tode von Dominikus Böhm im
August 1955 blieb Bienefeld noch bis 1958 im
Büro und war weiterhin vornehmlich mit kunst-
gewerblichen Arbeiten beschäftigt. Gottfried
Böhm, der nun das Büro leitete, wollte zusammen mit ihm eine Kunstwerkstatt einrichten,
erhielt aber keine öffentliche Förderung, so daß
das Projeckt nicht zustande kam.

Während der einseitigen Arbeit an Glas-
malereien widmete sich Heinz Bienefeld zuneh-
mend antiker Baukunst. Zusammen mit Rolf Link,
einem gleichgesinnten Mitarbeiter im Büro,
sammelte er Material über römische Bauwerke,
las Vitruv, suchte nach regelmäßigen Stadt-
grundrissen der Antike und der Renaissance,
fertigte maßstäbliche Zeichnungen von mittelalterlichen Stadthäusern Deutschlands und ita-
lienischen Villen des 16. Jahrhunderts an.

Er, der sich bis dahin als Vertreter der Moderne

verstand, 1955 sein eigenes Wohnhaus mit „fließendem" Raum und mit Stahl-Glas-Details wie Mies van der Rohe entwarf, steckte sich plötzlich das „unmögliche und verrückte Ziel" einer „Wiederbelebung der Baukunst durch die Antike". Die Diskussionen um „ewig gültige Gesetze" der Architektur, die Bienefeld von der Antike an bis in die frühe Neuzeit offenbart sah, brachten die anderen Mitarbeiter des Büros und Gottfried Böhm in Zorn.

Aber die Suche nach einer fruchtbaren Leitidee und einem Anker wird verständlich, wenn man, wie Bienefeld, die vielerlei Architekturvorstellungen, die Mitte der 50er Jahre nebeneinander bestanden, als künstlerische Krise ansah.

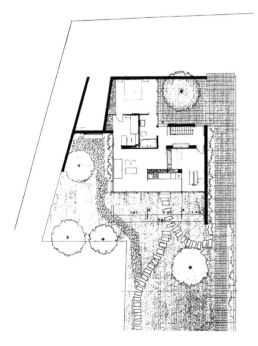

Bienefeld erinnert sich heute, daß in ihm auch 1955 in New York Zweifel an der Gültigkeit der modernen Architektur aufkamen.

Sein Gastgeber, ein Restaurator des State Museums, fragte ihn, welchen Bau er gut finde. Ohne Zögern antwortete er: „Das Lever House von Skidmore, Owings und Merill". Es war erst drei Jahre zuvor fertig geworden und hatte mit seiner gläsernen Vorhangfassade weltweit Aufsehen erregt.

Der Restaurator reagierte auf diese Antwort gekränkt. „Wissen Sie was? Schauen Sie sich mal das Woolworth Gebäude an!" Am letzten Tag in New York, so erzählt Bienefeld, machte er eine Schiffsrundfahrt um Manhattan.

In der Skyline ragte irgendwo der Woolworthbau heraus. 1910–1913 erbaut, sieht er wie die Turmspitze einer gotischen Kathedrale aus, aber keinesfalls wie ein modernes Hochhaus.

Bienefeld notierte: „Da ist doch was dran.
Der Bau hat Kraft und Form". Man kann diese
Empfindung nur nachvollziehen, wenn man die
Kargheit der Moderne als Leere wahrnimmt.
Daß ein japanisches Wohnhaus aus dem
17. Jahrhundert, das damals im Museum of
Modern Art stand, eine beeindruckende Ausstrahlung auf ihn hatte, ist einleuchtend. Es
schien mit seiner klaren, naturbelassenen Holz-
konstruktion noch andere Wege, als die nur
hochtechnischen der Moderne, zu weisen.
Nach dem Ausscheiden aus dem Büro Böhm
1958 war Bienefeld für fast ein Jahr ohne Auf-
träge.
1959 ging er zu Emil Steffann, der seit 1950 als

freier Architekt in Köln Kirchen in einfachen,
aber großartig monumentalen Formen baute,
deren Bezugspunkt San Francesco in Assisi
war. In dem allgemeinen Unbehagen glaubte
Bienefeld, daß sich der zeitgenössischen Architektur gegenüber nur im Kirchenbau noch klare,
aus der Geschichte heraus entwickelte Raum-
vorstellungen verwirklichen ließen. „Aber", so
sagt er heute, „das war ein großer Irrtum. Die
Kirche wollte nur Verschwommenes."
Steffann konnte anfänglich Bienefelds Anliegen
wohl nicht verstehen. Johannes Manderscheid,
später Mitarbeiter Bienefelds und heute Architekt in Rottenburg am Neckar, der im Büro
Steffann als Student arbeitete, erzählt, daß
Steffann Bienefeld zunächst für einen Außenseiter gehalten habe, bis er merkte, daß das,
was den Anschein von Nörgelei hatte, lediglich
dazu diente, den Dingen auf den Grund zu
gehen, um das Erkannte dann kompromißlos
durchzuführen.
Bienefeld hätte auch bei Rudolf Schwarz, dem
anderen großen katholischen Kirchenbauer der
Nachkriegszeit arbeiten können. Dessen Bauten
waren ihm jedoch zu abstrakt und intellektuell,
zu wenig sinnenhaft.
Sankt Fronleichnam in Aachen von 1930, fand
er, nach anfänglicher Bewunderung, schreck-

Emil Steffann in Zusammenarbeit mit
Heinz Bienefeld.
Kirche St. Hildegard,
Bad Godesberg-Mehlem,
1962.

lich. „Ein Bau wie der Dom von Modena umfängt einen, ist ein Kosmos. Architekturräume sollen doch letztendlich Spiegelbild der Unendlichkeit sein". Etwas davon spürte er bei Steffann. Eine Mitarbeit war verlockend. Steffann entwarf seine Projekte bis zum Maßstab 1:100, seine Mitarbeiter führten jeweils eigenverantwortlich den Bau durch.

Bienefeld baute einen Teil des Klosters der Karmelitinnen in Essen-Stoppenberg und die Kirche St. Hildegard in Bad Godesberg-Mehlem. Sorgfältige Proportionsstudien und die konsequente Ausführung in traditions- und materialgerechten Bauweisen, wie die Verwendung von Kalkmörtel und bündige Verfugung der Mauern,

kennzeichnen seine Arbeiten. 1962 übertrug Steffann ihm die Weiterplanung des Kreuzganges vom Kloster der Karmelitinnen in Köln. Sie schließt sich im Entwurf bruchlos an die Arbeit Steffanns und den Anfangsbau der Ordensleiterin an.

Wiederum zeigte Bienefeld, daß er sich, wie schon beim Entwurf für die Kathedrale von San Salvador, mit der Arbeit seines Lehrers identifizieren konnte, und daß dessen Vorgaben um der Einheitlichkeit des Werkes willen ihm objektive Leitbilder wurden.

Heinz Bienefeld.
Kloster der Karmelitinnen,
Vollendung des Kreuzganges und Wohngebäude,
Köln, 1962.

DIE LEHRER

Dominikus Böhm. Fenster und Ansicht der Kirche in Frielingsdorf, 1926.

An dieser Stelle ist es angebracht, die Bauwerke von Dominikus Böhm (1880–1955) und Emil Steffan (1899–1968) mit einigen Worten zu charakterisieren.

Dominikus Böhms Arbeiten, ausschließlich für den Katholischen Kirchenbau, die Gestaltung einer neuen Mystik mittels Licht und Dunkelheit und ein Formenvokabular aus dreieckigen, spitzbogigen oder gestaffelten Konstruktions- und Zierformen in den 20er- und 30er Jahren hat die Kunsthistoriker verführt, ihn in der Expressionismus- und New-Romantiker-Ecke, klanglos und sauber abgeheftet, verschwinden zu lassen, ohne daß seine eigentliche baumeisterliche Leistung herausgearbeitet worden ist. Zwar wird immer seine neue Interpretation des liturgischen Kirchenraumes hervorgehoben, aber diese ist zeitgebunden und erscheint uns heute eher fremd.

Schaut man sich Böhms Bauten der Zwischenkriegszeit an, ohne nach Stilen zu kategorisieren, so fallen an ihnen einige wichtige und allgemeingültige Merkmale auf, die auch Bienefeld durch sein ganzes Werk hindurch wie geheime Leitlinien begleiten.

Die Bauten schreiben immer klare Figuren und Körper in die Umgebung und an den Himmel. Sie bilden geschlossene Blöcke, aus denen Portal- oder Fensterbogen, in großem Maßstabe, hohlplastisch herausgemeißelt sind, ohne daß die Volumina zerstört werden.

Baute Böhm eine alte Kirche um, wie die neuromanische in Frielingsdorf im Bergischen Land, so modellierte er die schwächlichen, historisierenden Bauteile in eine kraftvoll gedrungene Masse ein. Das mächtige Schiff mit seinem riesigen Schieferdach scheint dort den Turm zu verschlingen und formt mit ihm zusammen einen geschlossenen Baukörper. Diese Kirchen

Dominikus Böhm. Siedlungskirche, Mainz-Bischofsheim, 1926.

markieren Grenzen, bilden in amorphen Stadtgebieten klare Außenräume und krönen ihre Umgebung.

Im Außenbau der Kirche in Frielingsdorf schließt Böhm die verschiedenen Bauteile mit deutlichen Abschlüssen und Rändern und die vielerlei Fensterfiguren mit einem vollkommen ebenen, prismatischen Körper zur Einheit zusammen.

Durch zwei unterschiedliche Arten von Natursteinen, exakt gehauenen und unregelmäßig geformten, und durch dichte, schmalformatige Backsteinflächen an den Bögen wird der einflache Körper lebendig gegliedert. Der Verdacht, die reiche Oberfläche sei lediglich expressionistiches Dekor, wird sofort aufgehoben, wenn man sieht, wie die unterschiedlichen Stein-

abgeschlossen mit einem mächtigen Stufengesims aus vorkragenden Ziegelschichten, das eine antike Bauform in Backstein umsetzt.

Der wechsel vom Quader und Spitzbogen zum Bild eines römischen Giebels ist völlig überraschend; andererseits ist er als übergang vom Flach- zum Satteldach und vom Natur- zum Backstein durchaus sinnvoll. Das hohe Backsteingesims mit dem Tympanon hat für den erratischen Block des Querbaus die richtige Ausdehnung, nimmt aber dem gleichdimensionierten, geschliffenen Natursteinabschluß des Eingangsbaus auch nicht dessen Bedeutung.

Die Unbekümmertheit, mit der unterschiedliche „Stile" nebeneinander stehen, akzentuiert durch den Kontrast der Oberflächen, zusammengeführt durch die Abstraktion der geometrischen Formen und durch klare Randbildungen, stellt alle Bemühungen seit den 70er Jahren um einen unvoreingenommeneren Umgang mit der Geschichte in den Schatten.

Böhms Umgang ist frei, aber verbunden mit der unerbittlichen Genauigkeit der baumeisterlichen Durchführung und einem untrüglichen Sinn für Proportion, die alle Teile vom Großen bis zum Kleinsten aufeinander bezieht. Umsomehr erstaunt uns heute der märchenhaft orientalisch wirkende Innenraum in reicher Faltenstruktur aus Rabitz, der Gotik nachempfunden, mit einem zauberhaften Spiel des Lichtes auf den leichten, weißen Oberflächen.

Dominikus Böhm. Ansicht, Vorhalle, Querbau und Innenraum der Kriegergedächtniskirche, Neu-Ulm, Umbau, 1924–27.

materialien handwerklich und konstruktiv unbedingt korrekt verwendet werden.

Der Umbau der Kriegergedächtniskirche in New-Ulm, 1924–1927, läßt auch römische und vereinfacht gotische Bauformen nebeneinander stehen, die beide in sich und mit dem jeweiligen Steinmaterial konsequent ausgeführt wurden. Der hochkantgesetzte, gemauerte Quader des Eingangsbaus hat drei schmal-hohe, tiefe Spitzbogennischen, die ihn förmlich ausgehöhlt erscheinen lassen. Sie werden von mehrschichtigen, bündig gemauerten Entlastungsbögen wie in der römischen Architektur überspannt. Der Querbau, der den Quader durchdringt, hat ein unregelmäßiges Kalksteinmauerwerk, das mit schmalen Backsteinschichten abwechselt. Er wird an beiden Enden von einem Tympanon

Darf man das? Diese Frage bleibt im Halse stecken. Und man bewundert, wie doch eine kraftvolle Synthese gelungen ist.

Man könnte Böhm in den 20er Jahren den Poelzig des Kirchenbaus nennen mit großen Formen, die monumental sind ohne Hohlheit oder leeres Pathos, aber reich in der Massengliederung und voller Überraschungen.

Dominikus Böhm. Circum-standes, Entwurf, 1922.

Man denke nur an die „Blütenform" des Grundrisses der Frauenfriedenskirche oder den elliptischen Zylinderbau des Kirchenentwurfes „Circumstandes". Böhm ist überschwenglich und römisch-reich im Mauerwerk, ohne Einseitigkeit und Kleinlichkeit, in der Bildung der Oberflächen voller sinnenhafter Reize.

Das Ornament ist, wenn es vorkommt, räumlich-plastisch durchgebildet und scheint ihm im Blut zu stecken; es wirkt keineswegs aufgesetzt oder abnehmbar wie dann in seinen Nachkriegsbauten. Böhm hat in Bauten und Entwürfen damit wesentliche Themen des Architektur angesprochen und innerhalb traditionsgebundener Bauformen durchgebildet.

Emil Steffans Bauten wirken im Vergleich anonym und überzeitlich. Die Gemeinschaftsscheune im lothringischen Bust, 1942, ist für Steffanns Architekturauffassung modellhaft.

Durch Kriegszerstörung entstand in der Dorfmitte eine freie Fläche. Aus Trümmern wurde eine Scheune gebaut, die mit ihrem „aufsteigenden Dach die Dächer der alten Häuserzeile fortsetzt" und die Wand eines Platzes bildet, der durch eine weitere Mauer und niedrigere Bauten geordnet wird.[3] Im Äußeren ist die Scheune lediglich durch das langgezogene Dach, ein großes, asymmetrisch sitzendes Rundbogentor und einen Strebepfeiler an der Ecke aus der Umgebung herausgehoben.

Dies und die Lage im Dorf zusammen mit dem Platz geben dem Bau die Würde, die ihn ohne Weiteres auch zum Fest- und Kirchenraum werden lassen.

Das künstlerische Ziel Steffanns war, in einer gegebenen Situation im Einklang mit vorhandenen Bauten, einen gestaltbildenden Keim zu erkennen und diesen durchzuformen.

Mittels Proportion wird der Bau aus dem Alltäglichen herausgenommen und das Gewöhnliche zum Besonderen, zum Sakralen gemacht.

Emil Steffann. Scheune in Bust, Lothringen, Entwurf, 1942.

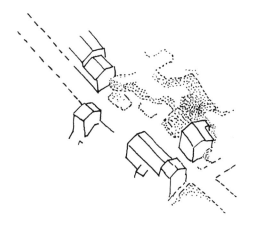

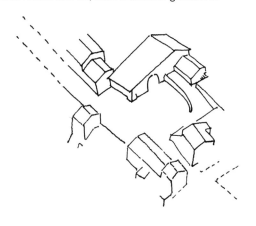

Das haben Steffanns Bauten mit vielen Entwürfen Böhms gemeinsam; nur ist Steffann dabei so zurückhaltend, daß seine Häuser in ihrer Umgebung fast verschwinden, während Böhms Bauten als Charaktere hervortreten. Diese legen, jenseits ihrer wesentlichen Formen, in der Durchbildung die Vorlieben und Einfälle ihres Meisters offen und bringen den Betrachter heute oft genug zum Schmunzeln. Man sieht hinter den Fassaden einen lebenslustigen und im Ärger auch aufbrausenden Menschen. Böhms Umgestaltung alter Bauten zu klaren Formen, sein Umgang mit römischer Antike, die vor allem im Reichtum des Mauerwerks und der Oberflächen erscheint, findet seine Fortsetzung in Bienefelds Werk bis in die Anfänge der 70er Jahre, aber neben Böhms jugendlichem Überschäumen wirkt es ausgeglichen und erwachsen.

Bienefeld sucht nach Objektivität. Dieses Ziel

wurde sicherlich durch den zurückhaltenden Charakter Emil Steffanns und dessen Hervorheben übergeordneter Werte bestärkt.

Anonymität ist positiv

Bienefelds Auseinandersetzung mit dem Klassischen in der Architektur führte ihn zunächst weg von Dominikus Böhm und – im Sinne Steffanns – zu einem Begriff von Anonymität, der einer strengen Auffassung von Architektur entsprach und an konkreten Aufgaben der Restaurierung alter Kirchen entwickelt wurde.

Ab 1960 entwarf er zeitweilig für den Siegener Architekten Hans Lob. Bei der umfangreichen Restaurierung der frühgotischen, im Barock verbauten Kirche in Erpel am Rhein, die Hans Lob und sein damaliger Mitarbeiter Johannes Manderscheid durchführten, wurde nach Bienefelds Plänen rigoros die räumliche Qualität der mittelalterlichen Basilika wiederhergestellt. Dabei ging es nicht, und geht es auch heute nicht, um eine historisierende Wiederherstellung, sondern um die Herausarbeitung eines als großartig angesehenen architektonischen Kernes, der einmal vorhanden war, dessen Erscheinung aber eigentlich unwiederholbar ist.

Um eine größere Anzahl Besucherplätze zu gewinnen, ohne den Raum vergrößern und den historischen Chor abreißen zu müssen, wurden die Seitenschiffemporen wiederhergestellt und eine Vorhalle, heute Werktagskapelle, neu angebaut.

Obergaden- und Seitenschiff-Fenster wurden auf romanisches Format gebracht, die Orgelempore wurde in der Tiefe auf die Hälfte reduziert, so daß der Raum in seinem schönen Rhythmus wieder zur Wirkung kam. Der Eingangsvorbau

Hans Lob Unter Mitwirkung von Heinz Bienefeld. Kirche und Sakristei, Erpel am Rhein, um 1960.

Heinz Bienefeld. Fenster der Friedhofskapelle Frielingsdorf, 1970.

und die abgesetzte Sakristei als eigenständiges, kleines Haus in demselben, bündig verfugten Natursteinmauerwerk wie die Kirche, bilden mit ihren klaren, im Maßstab sich unterordnenden Baukörpern eindeutige und schöne Außenräume um die Kirche.

Für die Restaurierung wurde nicht eine zweifelhafte, erdachte Rekonstruktion gezeichnet, sondern, wenn ergänzt werden mußte, eine Neutralität beibehalten, die auch die Erfindung neuer Formen ausschließt.

Bienefeld war nicht darauf aus, etwas „Eigenes" zu produzieren. Er fand es immer – und findet es noch heute – legitim, lieber ein, aus seiner Sicht, wertvolles Bauwerk zu vervollständigen, als es durch neue und persönliche Formen zu zerstückeln. Man könnte darin Ängstlichkeit vermuten, aber es ist Unterordnung im Umgang mit Bauten, deren Schönheit er erkannt hat.

Der erste große Auftrag, 1963, die Restaurierung der Pfarrkirche St. Laurentius in Wuppertal-Elberfeld wurde unter derselben Maxime durchgeführt.

Die klassizistische Kirche, von 1828 bis 1835 nach den Plänen des Schinkel-Schülers Adolf von Vagedes erbaut, war im Krieg ausgebrannt und ab 1945 unbefriedigend wieder aufgebaut worden. Daß dabei die Neu-Renaissance Dekorationen der dreischiffig gewölbten Hallenkirche vom ausgehenden 19. Jahrhundert nicht mehr aufgesetzt wurden, war sicherlich gut.

Aber im übrigen ergab die erste Restaurierung den Eindruck eines holzigen „Neo-Nazi-Stiles", so beschreibt es Heinz Bienefeld. Um dem Vagedes-Entwurf wieder näher zu kommen, entwarf er für die Kämpfer der Pfeiler und die oberen Wandabschlüsse ein dem früheren Bau ähnliches, klassisches Gesims mit Zahnschnitt und Rosettenfries.

Pfarrkirche St. Laurentius, Fassade.

Das große Rundbogenfenster über dem Portal erhielt wieder die klassizistische Dreiteilung durch Pfeiler. Den Bau eines gleichen Fensters hinter dem Haupttaltar konnte er nicht durchsetzen, ebensowenig wie einen klassizistischen Hochaltar, den er entwarf. Aus einem alten Foto war zu ersehen, daß die Orgelempore, die über der Eingangshalle sitzt, zum Schiff hin von zwei dorischen Säulen getragen wurde.

Die Konstruktion dieser Empore mit antikischer Kassettendecke, zwei Säulen, mächtigen Konsolen, Brüstung und eingesetztem Rückpositiv der Orgel wurde zu Bienefelds Gesellenstück einer klassischen Architektur.

Dem Besucher mag überhaupt nichts Besonderes auffallen. In der klassizistischen Kirche wirken die klassischen Bauformen selbstver-

20

Pfarrkirche St. Laurentius,
Empore und Dorische
Säule in Stuckmarmor.

ständlich und dem Stil zugehörig. Zusammen mit dem Schachbrettmuster des Marmorfuß-bodens deuten sie einen strengen Klassizismus an, der nur durch die neueren, aufwendigen und brutal zwischen die Säulen gesetzten Eisengitter gestört wird.

"Lieber ganz exakt; als eine moderne Verein-fachung"; unter diesem Motto konstruierte Heinz Bienefeld gemeinsam mit Johannes Manderscheid, der inzwischen sein Mitarbeiter war, die zwei dorischen Säulen nach dem Vorbild des Parthenon. Diese Stuckarbeit gelang so perfekt, daß Fachleute sie für original klassizistisch hielten.

Die nicht zur Dorik gehörenden, aus dem Korin-thischen abgeleiteten Volutenkonsolen machten in Form und Proportion außerordentliche Mühe.

Bienefeld hat sie erst vor Ort genau festgelegt, nachdem zahllose Zeichnungen ihn unbefriedigt ließen. Kann man auch nicht von einem Bruch sprechen, so überrascht doch die Begegnung mit einer dorischen Säule von ungeheurer Genauigkeit, aus edel wirkendem Material, einem polierten Stuckmarmor, in einem sonst einfachen Bau, so als wäre sie eine Spolie.

Kassettendecke und Brüstungskonsolen bauen darüber einen proportionalen Zusammenhang auf, und die Konsolen bilden ein kraftvolles Trennungsglied zwischen der antiken Replik und der Orgel als dem Zweck der Empore, zwei unterschiedliche Formenbereiche, die sich eigentlich stören.

Andererseits bildet die Empore als Ganzes durch das seitliche Übergreifen und das Vor-

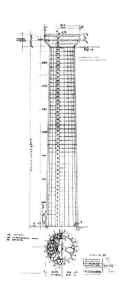

kragen des Brüstungssockels mit den beiden Säulen zusammen einen anmutigen und selbständigen, in sich abgeschlossenen Figurenkörper in dem großen Joch.

Das schließt an die Ästhetik des Klassizismus an und bereitet die späteren Bauformen vor: die dreiteiligen Gliederungen der Öffnungen in den Wandflächen, die neuen Metallelemente in einer alten oder traditionell gefertigten Backsteinmauer; ja, die fremden griechischen Säulen sind in ihrer Frische und Präzision und ihrer eigenständigen Figurenbildung den späteren, aufgelösten, „modernen" Baugliedern absolut ebenbürtig.

Diese Antiken-Konstruktion blieb jedoch einmalig. Bienefeld meint heute: Weder können Handwerker die strenge Antike herstellen, noch kann der Architekt sie einfach „entwerfen", ohne steril zu wirken, „weil man nicht das Variationsvermögen der Alten hat". Andererseits ist es „Teil meines Könnens, daß ich machen kann, was ich will. Ich konnte für die Krankenhauskirche in Hohenlind von Dominikus Böhm einige neue Glasfenster so entwerfen, daß niemand sie von den alten unterscheiden konnte. Ich könnte auch eine Kirche von Steffann oder von Le Corbusier bauen. Gesetzmäßigkeiten an vorhandenen Bauten herauszufinden und mich vollkommen in sie einzufühlen, ist Teil meines Charakters."

Bienefeld setzt damit Architekturvorstellungen jenseits der Stildiskussionen fort, die wir bei Baumeistern nach der Jahrhundertwende finden, die nach Neuem suchten, aber nicht die „Revolution" des Jugendstil und später der „Moderne" mitgemacht haben.

So ist Theodor Fischers Kirche in dem kleinen Ort Gaggstadt, 1905, das verblüffende Beispiel für eine sich in das vorhandene Dorfbild inte-

grierende Architektur, die doch nicht ihre Motive dort hernimmt.

Die Stützmauer der Kirche mit dem Erkerbau für den Eingang, über dem sich das Schiff erhebt, sieht so aus, als wäre sie zuerst dagewesen, und das Dorf hätte sich darum gebildet und nicht umgekehrt.

Als Fritz Schumacher 1914 ein klassizistisches Bürgerhaus aus der Zeit um die Mitte des 19. Jahrhunderts in Hamburg erwarb, setzte „er einen durchgehenden Balkon (davor), der von vier kräftigen dorischen Säulen getragen wird." Das wurde als „Visitenkarte seines Hauses" interpretiert, die „seine klassische humanistische Bildung dokumentiert" .[4] Aber das Erstaunliche für mich ist, daß – ganz wie bei der Elberfelder Laurentiuskirche Bienefelds – der handenes Kunstwerk, die Einfühlung in die Arbeitsweise eines Meisters und die Exaktheit beim Replizieren antiker Bauformen bei gleichzeitiger Suche nach den Variationsmöglichkeiten klassischer Architektur, ohne ihre Ordnungen zu verletzen, das sind Konzeptionen, welche viel enger gefaßt erscheinen als die baumeisterliche Praxis der Lehrer Bienefelds, Dominikus Böhm und Emil Steffann.

Fritz Schumacher. Eigenes Wohnhaus, Hamburg, 1914. Umbau.

klassizistische Balkon aussieht, als wäre er „echt" und mit dem Bau aus dem späten Klassizismus zusammen entworfen worden.

Betrachtet man den Bau genauer, dann geben die Säulen der gleichförmigen Fassade nicht nur eine Bereicherung, das Erdgeschoß und der Keller werden dadurch auch optisch zu einem Element zusammengefaßt und die Proportionen der Fassade eindeutiger und nobler, oben nahezu ein Quadrat und unten ein liegendes Rechteck im Verhältnis 3:5.

Bei Schumacher erscheint das Klassische nicht als Applikation, wie bei vielen seiner Zeitgenossen, sondern als Lebenselexier, das eine Sehnsucht nach der Wiederentdeckung alter Gesetzmäßigkeiten erfüllt.

Anonymität und Unterordnung unter ein vor-

KLASSIK

Nach dem Entwurf der dorischen Säulen in der Kirche St. Laurentius in Wuppertal-Elberfeld und nach der Erfahrung, daß ihre Verwirklichung eine unerhörte geistige und baumeisterlich-handwerkliche Anstrengung gekostet hat, damit „nicht nur ein Spiel mit den Formen" entstehe, stellte Heinz Bienefeld sich die Aufgabe, die Prinzipien des Klassischen zu ergründen und sie für sich als eine Methode zu formulieren, aus der neue Architekturformen entwickelt werden können.

1966 entstanden Vorentwürfe für das Wohnhaus Wilhelm Nagel in Wesseling-Keldenich. Neben einer palladioartigen „Villa Rotonda" wurde ein symmetrisches Peristyl-Atriumhaus in Skizzen näher ausgeführt und stilistisch korrekte, klassische Bauformen wie Säulenstellungen, Gesimse und Friese in die Konturen eingezeichnet. Am gebauten Haus, das sehr kompakt wurde und wieder einer palladianischen Villa ähnelt, findet man von den klassischen Bauformen nur noch Andeutungen.

Im sichtbar gelassenen Backsteinmauerwerk sind sie durch Wechsel des Steinverbandes, durch Vorsprünge und Kanten in ästhetische Funktionen von Randbildungen und Schattenlinien umgewandelt worden.

1986, in Gesprächen, erläuterte Bienefeld sein Verständnis von Klassik. [5)]

Klassische Stilelemente, die aus Säulenordnungen abgeleitet und diesen zugeordnet sind, wurden damals „während der Arbeit (am Haus Nagel) unglaubwürdig. Bei Bauten mit klassizistischem Aussehen müssen die einzelnen Teile viel weitergehend dargestellt werden. Man müßte sie mit allen Konsequenzen vollziehen."

Ein klassizistisches Repertoire ist heute nicht mehr glaubwürdig; „nicht im Sinne einer Ideologie, sondern im Sinne des Handwerklichen, des künstlerisch Möglichen schließen sich heute klassische Lösungen aus." Ein „Klassizismus ersetzte die klassischen Architekturelemente durch Gips. Damit ist die Wahrheit und Logik des tektonischen Aufbaus, der Zusammenklang der Teile weg. Übrig bleibt nur noch ein Spiel mit Formen.

Ich lege Wert auf das Beginnen und Enden einer Architekturform und versuche, nichts dem Zufall zu überlassen.

Eine Mauer ist zunächst einmal eine Fläche, sie hat einen Anfang und ein Ende, Öffnungen, vielleicht rechts, links, oben, unten – das wären die Grundprobleme.

Aufgabe ist nun, daß die Öffnungen stimmen, daß die Ränder klar begrenzt sind, daß die Verhältnisse der Flächen zueinander stehen, daß sie Gestalt hat. Das sind die Grundprobleme der Architektur.

Ein Pfeiler besteht aus drei Teilen: aus Basis, Schaft und Kapitell; das Dach aus Traufe und First. Jedes Architekturelement hat einen

Heinz Bienefeld.
Haus Wilhelm Nagel,
Wesseling-Keldenich,
1966. Ansicht und Schnitt
durch das Atrium.

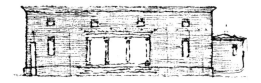

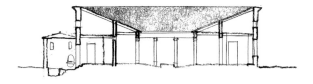

Anfang und ein sichtbares Ende, jedenfalls nach klassischer Vorstellung.

Um eine Grenze zwischen Bauformen glaubwürdig werden zu lassen, braucht es ungeheure Zeit. Daß schließlich in technischer und künstlerischer Hinsicht jede kleine Begrenzung die richtige Entfernung hat, die richtige Proportion an der richtigen Stelle sitzt – das meine ich mit glaubwürdig.

Wenn man ein Detail entwirft, muß jeder Punkt, an dem Lasten und Tragen aufeinandertrifft – Ecken, Türen, Wand, Fenster, usw. –, jede Bewegungsrichtung, Beginn und Ende in einem bestimmten Verhältnis, einer bestimmten Dimensionierung ausgebildet werden. Das macht die künstlerische Arbeit aus.

Vielleicht kann man das an einem Satz aus der Baufibel für den kleinen Mann und den Bauunternehmer aus dem letzten Jahrhundert festmachen: 'Die Bauformen haben den Zweck: den Beginn, die Wirkung und das Enden der Bauteile und damit den Zusammenhang derselben untereinander in einer jedem Gebildeten verständlichen Weise auszudrücken.'" 6)

Die Gestaltungsprinzipien, die Bienefeld angesprochen hat, möchte ich mit einigen Begriffen ergänzen. Alexander Tzonis und Liane Lefaivre haben sie in ihrem Buch „Das Klassische in der Architektur" 7) ausführlich dargelegt. Sie stellen die formale Gebundenheit der antiken Architektur in den Mittelpunkt und nicht Stilbegriffe und deren Regeln. Das gibt die Möglichkeit einer weiterführenden Betrachtung und geht mit Bienefelds Verständnis einher.

Ein erstes Kennzeichen klassischer Architektur ist eine durchgängige Dreigliederung, die Tzonis und Lefaivre mit einem Begriff der Metrik als „Dreihebigkeit" bezeichnen.

"Das Schema der Dreihebigkeit hebt den Unterschied zwischen der inneren und der äußeren Welt eines Werkes hervor. Dieses Schema gliedert das Gebäude in drei Teile, zwei Randelemente und ein geschlossenes Mittelteil." Die Dreihebigkeit erstreckt sich auf alle Teile, auch auf die der Säulenordnungen und ihre Untergliederungen und bildet eine durchgängige Struktur: Von der großen Gliederung in Gebälk, Säule und Postament, über die Säule mit Kapitell, Schaft und Basis, den Details wie Gebälk mit Architrav, Fries, Gesims, bis hin zu den kleinsten Elementen wie der Gliederung des Architravs in drei Teile, die durch Randglieder Kyma und Perlstab getrennt sind.

Was wir normalerweise unter klassischer Architektur verstehen, sind die Säulenordnungen

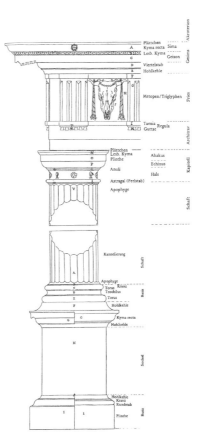

Palladio. Dorische Säule mit Gebälk. 1570.

oder Genera. Mit festgelegtem, plastischem Schmuck und bestimmten Proportionen sind sie als dorisch, ionisch, korinthisch usw. zu erkennen.

Hinter diesen Regeln steht aber ein weitergefaßtes Ziel. Wie in der Musik eine Komposition in einer bestimmten Tonart festgelegt wird, so soll durch Modul und Proportion jedes Teil, jede Kante und jede Form durchgängig aufeinander bezogen und gestimmt sein. Vitruv, dem wir die Regeln verdanken, und der sie um 30 v.Chr. in einer Zeit niederschrieb, in der offenbar das Gefühl dafür oder das Wissen davon verloren zu gehen drohte, erhoffte damit eine Kohärenz oder gar eine Widerspruchsfreiheit innerhalb der architektonischen Komposition zu erhalten.

War es Furcht vor Anarchie und vor willkürlichen Übertragungen, wenn zusätzlich der göttliche oder der genialisch menschliche Ursprung der Genera in mythischen Erzählungen festgehalten und so sehr in den Mittelpunkt gestellt wurde?

Erst seit dem 18. Jahrhundert weiß man durch genaue Vermessungen, daß jeder antike Bau seine eigenen Proportionsnormen hat, daß jede Säulenordnung innerhalb bestimmter Spielräume ihren Charakter erhält. Offensichtlich gab es Möglichkeiten der Modulation, auch des Wechsels von einer in eine andere Ordnung.

Diese Tatsache kommt Bienefelds Vorstellungen von klassischer Architektur entgegen. Er ist überzeugt, daß es Regeln gab, aber auch, daß es Möglichkeiten der Modulation innerhalb der Regeln und mit den Regeln gegeben haben muß, selbst, wenn wir sie nicht mehr kennen.

Es ist daher für ihn nicht mehr möglich, einen noch so schönen Bau wie den Parthenon für ein Regelwerk herauszunehmen und nachzuahmen. Er möchte den hypothetischen Regeln lediglich

näherkommen. Wenn man die Säulenordnungen verläßt, wie Bienefeld es beim Entwurf zum Haus Wilhelm Nagel tat, hat auch das Prinzip der Widerspruchsfreiheit keine Grundlage mehr.

Bienefeld findet ein neues in dem konstruktiven, für das Auge „logisch" dargestellten Zusammenhang der Tragen- und Lastenfunktionen aller Bauteile. Er bezieht sich dabei auf den wichtigsten Theoretiker des Klassizismus, Friedrich Schinkel, der um 1825 in den Skizzen zu einem architektonischen Lehrbuch schrieb: Nachdem es möglich ist, „die Überbleibsel einer alten Beziehung harmonischer Entwicklung anerkannter Vorzeit (Griechenlands) aufzusuchen und einen Anhalts- oder Anfangspunkt wieder zu finden, an welchen ein consequentes Kunstleben anzuknüpfen ist ...", gilt es die „vernunftgemäße Anwendung auf die Aufgaben dieser Zeit" zu finden. „Um das Bauwerk schön zu machen, ist die Annahme folgenden Grundsatzes unerläßlich: Von der Konstruktion des Bauwerkes muß alles Wesentliche sichtbar bleiben. ... Durch die Characteristik der sichtbaren Konstruktionsteile erhält das Bauwerk etwas lebendiges, die Teile handeln zweckmäßig gegeneinander, unterstützen sich und wenn man ihnen ansieht, daß jeder seine Schuldigkeit tut, so entsteht eine befriedigende Empfindung, die den Begriff der Ruhe, der Festigkeit, der Sicherheit mit sich bringt ..." [8)]

Neben die klare Begrenzung der Ränder in der Dreigliedrigkeit und der Logik des Tragwerkes für das Auge tritt ein weiteres Prinzip klassischer Architektur: die Gliederung der Baukörper durch die regelmäßige Anordnung ihrer Teile, die man Taxis nennt.

Die Taxis wird mit einem Raster erzeugt, das tragende und gliedernde Teile wie Säulen oder Pfeiler und die Zwischenräume in ein bestimmtes, aufeinander beziehbares Wechselverhältnis bringt. Verallgemeinert ist es die rhythmische Anordnung von Wandflächen und Öffnungen.

Bienefeld drückt das so aus: die Gliederung der Wände muß so sein, „daß die Öffnungen stimmen, ...daß die Verhältnisse der Flächen zueinander stehen, daß (die Wand) Gestalt hat." Die Entwicklung von einer regelmäßigen Komposition für das Haus Wilhelm Nagel (1968) hin zu dem reichhaltigen Bild, in dem ein Mauerkörper mit Fenstern und zierlichen Arkaden aus Stahlstützen in Kontrast gesetzt sind, bei Haus Bähre (1989) und Haus Babanek (1990), und regelmäßige Anordnungen sich mit unregelmäßigen überlagern, steckt die Strecke ab, auf

der Bienefeld unentwegt nach einer modulationsfähigen Ordnung sucht.

Auf ein weiteres Merkmal weisen Tzonis und Lefaivre hin, nämlich die Abgeschlossenheit der klassischen Architektur.

Die Vorstellung vom Bauwerk als einer in sich und durch ihre formale Durchbildung auch von der Umgebung abgeschlossenen Welt, ist vielleicht die säkularisierte und ästhetisierte Form des alten heiligen Bezirkes, des griechischen „Temenos".

Eigenschaften wie die „Ganzheit eines Gebäudes als einer von Widersprüchen freien Welt" und „die Heraushebung des Bauwerkes aus dem Normalen", die die Autoren dem Klassischen zuschreiben, sind auch Merkmale des Temenos. Haben nicht ausnahmslos alle Bauten Bienefelds trotz ihrer Einfügung in einen städtischen Raum geradezu provokativ diesen Charakter?

Abgrenzung eines heiligen Ortes im Bezirk des Ise Schreins, Japan.

Dreigliedrigkeit, Ehrlichkeit, Regelmäßigkeit und Abgeschlossenheit sind einige Wesenselemente des Klassischen, die Bienefeld entwickelt und verwirklicht hat, aber es sind vier weitere Themen, mit denen er sie zu Architektur werden ließ: Raum, Bauformen, Proportion und Materialwirkung.

ARCHITEKTUR

Raum

Atrium Haus Holtermann,
Senden, 1988.

„Das eigentliche Ziel der Baukunst ist das,
Räume zu schaffen." So beginnt der erste Band
der „Sechs Bücher vom Bauen" von Friedrich
Ostendorf, 1913.[9] „ ... Entwerfen heißt: die einfachste Erscheinungsform für ein Bauprogramm
finden, wobei 'einfach' natürlich mit bezug auf
den Organismus und nicht etwa mit bezug
auf das Kleid zu verstehen ist!"[10]

Sackur, der Herausgeber der dritten Auflage
dieses Buches, ergänzt in seinem Vorwort
diesen Standpunkt mit der Frage: „Wie entwirft
der Architekt ein Raumgebilde und wie muß
ein Raumgebilde beschaffen sein, um dem
Beschauer zur räumlichen Anschauung zu
kommen?"[11] „Einfacher Organismus" und
„räumliche Anschauung" als wichtige Ziele der
Architektur – und nicht etwa die Aufgabe,
bestimmten Zwecken der Bequemlichkeit oder
der Effektivität zu dienen – hat sich Heinz
Bienefeld völlig zu eigen gemacht, und er weist
dabei immer wieder auf Ostendorfs Schriften
hin. Ostendorf nennt die Verwirklichung des
Raumgedankens „eine mit Baumaterialien zur
körperlichen Erscheinung gebrachte künstlerische Idee"[12].

Bienefeld gebraucht dafür den Begriff „ordnen-
der Raum" oder „Raumordnung".

Er bildet einen höheren Zweck für das kulti-
vierte Menschsein. Für Ostendorf stellt die
Architektur des Barock den Höhepunkt der
Raumkunst dar. Es gibt für ihn ein wichtiges
Raummodell, das höfische Vestibülhaus des
französischen 18. Jahrhunderts mit dem zentralen Raumpaar Vestibül und Salon. Bienefeld
findet klare und noch heute gültige Raumordnungen jedoch viel eher bei den Römern im
Atriumhaus, in Palladios Saal-Häusern, aber
auch in den anonymen Flur- und Dielenhäusern
der mittelalterlichen Städte und Dörfer Mittel-

europas und durchaus noch in den vornehmen
Häusern des Berliner Klassizismus.

Für moderne Wohnhäuser können diese Raum-
modelle jedoch kaum mit einer bestimmten
Lebensform verbundene Ordnungen sein.

Bienefeld sieht in ihnen allgemeine Modelle, die
gerade wegen ihrer historischen Distanz von
gesellschaftlichen Zwängen oder bestimmten
Lebens- und Arbeitsformen frei sind, aber doch
Formen des Zusammenlebens in gewisser
Weise strukturieren. Sie sind mehr als nur
künstlerische Hüllen für einen bürgerlichen,
gehobenen Lebensstil.

Eine kurze Charakterisierung dieser historischen Raumtypen mag uns ihre Unterschiede
vor Augen halten und helfen, Bienefelds Ansatz
nachzuvollziehen.

Das römische Atriumhaus stellt die Raumge-
meinschaft einer autonomen, nach außen hin
sich abschließenden Familie dar, die einen
eigenen Herrschaftsbereich kontrolliert. Das
Atrium ist der offene Platz des häuslichen Ge-
meinschaftslebens, wie der Marktplatz der Ort
öffentlichen Treibens in der antiken Stadt ist.
Das palladianische Saalhaus und das Vestibül-

erhöht und eng mit ihr verwoben ist. Die im
einzelnen genau differenzierten weiteren Räume,
aber auch die privaten Schlafzimmer, beziehen
sich auf den Salon. Er ist ihr Fokus. [13]
Das spätmittelalterliche Dielenhaus des Kauf-
manns, des Handwerkers oder des Bauern hat
im Zentrum den großen Arbeits- und Lebens-
raum der Diele, und es kann je nach Größe und

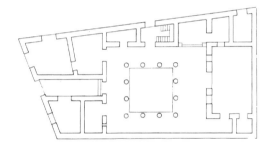

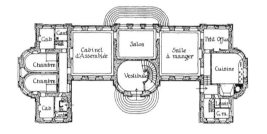

1. Römisches Atriumhaus.
Zeichnung
Heinz Bienefeld.

2. Französisches Palais:
aus Friederich Ostendorf.
Haus und Garten, Berlin
1919.

schlößchen des französischen 18. Jahrhunderts
bilden Raumfolgen als Hierarchien aus. Das
palladianische Haus hat Vorhalle oder Loggia,
Vorraum und Saal, die von nicht weiter spezifi-
zierten, mittelgroßen und kleinen Räumen umgeben sind. Der Saal trennt diese Räume voneinander. Er ist Festsaal und erhält im Alltag die
Funktion einer großen Diele.
Das französische Palais dagegen zeigt die
Raumform für eine differenzierte und systemati-
sierte Gesellschaft. Das Raumpaar Vestibül und
Salon drückt räumlich die wichtige und genau
regulierte Beziehung des Warte- und Empfangs-
raumes zum Festsaal aus. Das Vestibül baut
in Größe und Ausstattung architektonisch die
Szenerie des Salons mit auf, so wie die zur
Herrschaft gehörende Dienerschaft diese

Ausbildung das Bild des römischen Atriums wie
auch des palladianischen Saales in sich aufnehmen.
Das Flurhaus bestimmt ein anderes Lebensmo-
dell. Der Flur, sobald er eng ist und nicht mehr
Diele sein kann, grenzt die übrigen Raumgrup-
pen voneinander ab. Das tut der palladianische

3. Dielen- und Flurhaus.
Zeichnung
Heinz Bienefeld.

Saal oder die Diele zwar auch, aber der Flur hat keine Wohn- oder Festraumfunktionen mehr und gewährt den durch ihn getrennten Räumen eine Abgeschiedenheit und eine Intimität, die bei den anderen Raumordnungen nicht so sehr hervortritt. Ein wesentliches Charakteristikum dieser Modelle ist es, daß der ordnende Raum oder die Raumfolge das Haus durchdringt, von einer Seite zur anderen hin durchgeht. Dabei ist das französische Palais das am weitestgehenden festgelegte Raumgefüge und so sehr auf die ritualisierten Formen der Empfänge spezialisiert, daß es heute nicht so vielseitig anwendbar ist, wie die anderen.

Das Palais hat nicht, was die anderen haben, den neutralen, nicht auf einen speziellen Zweck hin entworfenen, den überflüssigen Raum, der gleichzeitig das komplexe Hausgefüge ordnet: das Atrium, die Diele, der Flur. Beim palladianischen Saal ist das auf den ersten Blick vielleicht nicht so eindeutig. Aber die übrigen Räume liegen so um ihn gruppiert, daß sie auch ohne ihn untereinander verbunden sind.

Das Doppelgesicht von Überfluß und Ordnung gibt diesen Raummodellen auf der Ebene des Zusammenlebens das Spannungsverhältnis zwischen Freiheit und Ordnung.

Wenn Bienefeld bei seinen Wohnhäusern alle nur erdenklichen Kombinationen über diese Grundthemen des Raumes durchspielt, so ist ein Ziel, eben dieses Verhältnis von Freiheit und Ordnung auszuloten.

Wir können das an vier Entwürfen zum Haus Nagel exemplarisch nachvollziehen.

Das Verhältnis von Freiheit und Ordnung ist sicherlich nicht meßbar. Das Gefühl der Freiheit entsteht jedoch wohl aus bestimmten Raumkonstellationen und Raumproportionen. Ich möchte vier Kriterien anführen.

1. Ausgedehntheit des neutralen, ordnenden Raumes.

In den Entwürfen 1, 2 und 3 dominiert der neutrale Raum. In 1 geht er wie ein Spalt durch den gesamten Bau hindurch, in 2 gibt ein Säulenhof, der von einer Ecke aus betreten wird, dem sonst kompakten Raumgebilde Luft, in 3 nimmt die Folge Hof – Diele – Atrium den größeren Teil der umbauten Fläche ein, an die sich die bewohnten Räume bescheiden anschließen. Im ausgeführten Entwurf 4 geben die schmale Diele und die Gartenterrasse nur durch ihr Querformat ein Gefühl der Ausdehnung.

2. Vieldeutigkeit eines Raumes.

Vieldeutigkeit entsteht in der Möglichkeit, einen Durchgangsraum auch als Wohnraum zu benutzen, bzw. einen Wohnraum als Durchgangsraum. Einen vieldeutigen Raum enthält der Entwurf 1. Der runde Saal kann Wohnhalle, aber er kann wegen seiner vier Zugänge auch lediglich zentrale Diele und Festraum sein.

3. Neutralität der Räume.

In der Funktion austauschbar können Räume sein, die in Form und Größe gleich sind. In 1 sind prinzipiell alle Räume neutral; in 3 ist kein Raum, ausgenommen der Rundbau des Bades und der Wohnraum zum Garten hin, funktional durch Form oder Größe festgelegt. Lediglich die Nähe zu Bad oder Wohnraum kann einen Schlaf- oder Eßraum vorstellbar machen. In 4 sind die vier Eckräume gleich groß.

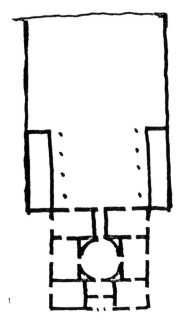

1

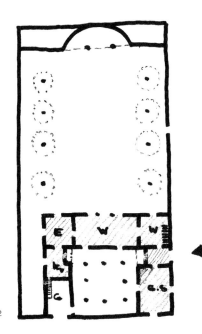

2

Haus Wilhelm Nagel.
Wesseling-Keldenich,
Entwürfe, 1966.

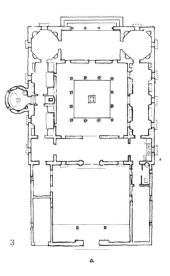

3

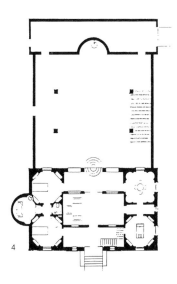

4

4. Polaritäten.

Wo Polarität entsteht, kommt trotz strenger Ordnung ein Gefühl von Freiheit auf. Wenn eine Raumfolge nach zwei Richtungen hin orientiert ist, zum Beispiel nach innen auf einen Hof und nach außen auf einen Garten, entsteht das Gefühl einer Polarität. Das ist in den Entwürfen 2 und 3 für den Wohnraum der Fall.

Polarität herrscht auch bei ungleicher Raumfolge in der Längs- und in der Querachse. Das gilt für alle Entwürfe Bienefelds. Die unterschiedlichen Auswirkungen dieser vier Konstellationen hatte Bienefeld immer im Auge, wenn er in der Zeit zwischen Haus Nagel und Haus Heinze-Manke, also zwischen 1968 und 1984, und noch mit den Häusern Holtermann und Kühnen bis 1988, Raumordnungen mit Atrium, Diele oder Längsflur in unterschiedlichen, immer neuen Verbindungen entwarf. Sie bilden in den Hauskörper eingeschnittene Raumfiguren, die zumindest an einer Stelle die gesamte Ausdehnung des gebauten Raumes zeigen.

Drei gedankliche Schritte der Raumbildung werden im folgenden mit analytischen Skizzen an Beispielen gezeigt. [14]

Es wird jeweils zunächst die ordnende, die „Luft" gebende Raumfigur herausgezeichnet; darunter ihre Stellung im Gesamtgefüge der Baugruppe.

Man sieht dann deutlich, wie der ordnende Raum die übrigen, unseren Lebensbedürfnissen entsprechenden, speziellen Räume trennt, sozusagen auseinanderhält, oder, wie man auch sagen könnte, „Privatheit" gibt.

Um sie in der Vorstellung wieder zusammenzufügen, werden im 3. Schritt Tür- und Fensteröffnungen zu Achsen hintereinandergelegt, und damit optisch eine Beziehung der Räume zueinander hergestellt.

Der Vergleich mit der Analyse der Villa Cornaro von Palladio zeigt, wieviel Bienefelds Vorstellungen vom ordnenden und befreienden, zentralen Raum und seinen Variationen mit der Methode Palladios gemeinsam hat, der ja ebenso alle Raumfiguren, die er in der Antike entdeckt hatte, systematisch in den Villen verwirklichte.

1. Die räumliche Mitte des Hauses bildet eine quadratische Halle. Das Vorbild ist ein römischer Vier-Säulen-Saal. Mit einer schmalen Vorhalle zur Eingangsseite, einer Loggia und offenen Kolonnade zur Gartenseite bildet er eine Raumfolge.

2. Als Teil des Hauskörpers wird diese Raumfolge zum ordnenden Raum, zu einer in sich abgeschlossenen Welt. Wie ein kompliziertes Schlüsselloch durchdringt die Raumfolge den quadratischen Baukörper symmetrisch in einer Richtung. Die beiden Seitenflügel, die an den Hauptbau angesetzt sind, bestimmen einen vielgliedrigen Außenraum.

Es entsteht eine Spannung zwischen dem quergelagerten Baukörper, der den Garten dem Blick entzieht, und der durchgehenden, längsgerichteten Raumachse, die dem Besucher den Garten als eine Überraschung nach dem Durchschreiten darbietet.

3. Die Gruppen der größeren, mittleren und kleinen Räume sind von der Haupt-Raumfolge aus an drei Stellen zugleich zugänglich: in der Mitte des Saales, in der Loggia und am Vorraum für die Obergeschosse.

Quer zur Längsachse sind die voneinander getrennten Räume durch gegenüberliegende Türen und hintereinander gelegte Fenster und Nischen aufeinander bezogen und über den Hauptraum hinweg wieder zusammengebunden. Der Saal ist Festraum, aber auch Durchgangsraum (Diele).

Die Wohn- und Schlafräume sind untereinander so verbunden, daß man den Saal umgehen kann. Die Hauptwege zum Obergeschoß führen durch die Vorhalle. Man kann sich den Saal auch ohne besondere Gebrauchsfunktion vorstellen als einen schönen, den übrigen Organismus lediglich ordnenden Raum.

Andrea Palladio. Villa Cornaro, (1551–1554)

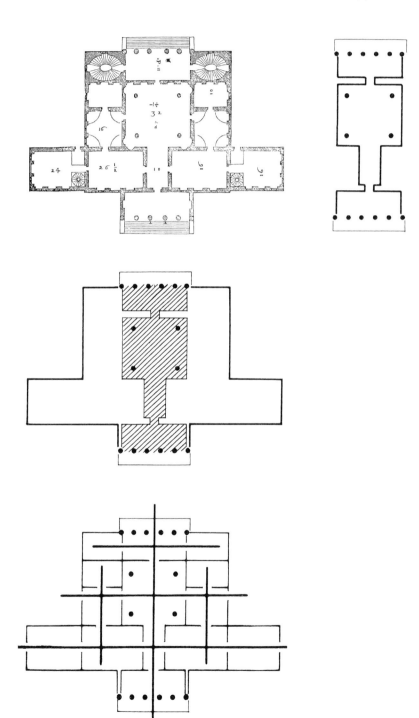

Haus Wilhelm Nagel. Wesseling-Keldenich, 1968.

1. Die Haupt-Raumgruppe ist eine Folge von Querdiele, Wohnraum und Loggia.
In der Struktur ähnelt sie der Villa Cornaro und ebenfalls Berliner Häusern des Klassizismus. Sie bildet den Kern beim Haus Groddeck und tritt, in Verbindung mit einem Flur, bei Haus Schütte wieder auf. Die Raumfolge liegt als Längsrechteck im Querrechteck des Hauses und bildet den Übergang von der Straße zum Garten.

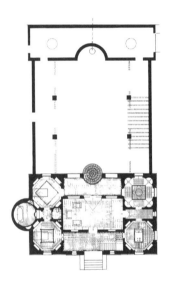

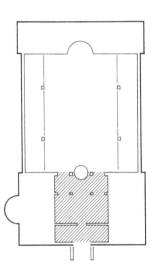

2. Haus und rückwärtig gelegene Abstellräume und Garage umschließen einen Gartenhof. Dieses Geviert bildet die Ecke eines Blockes in einem Einfamilienhausgebiet.

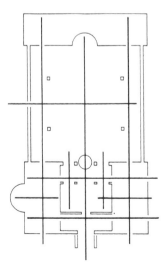

3. Wie in der Villa Cornaro sind die Eckräume untereinander und über Diele und Loggia durch hintereinanderliegende Türen und Fenster achsial aufeinander bezogen. Man kann den zentralen Wohnraum umgehen. Da dieser in der Querrichtung nur eine Türe hat, ist der Charakter des Durchgangsraumes abgeschwächt. Auch die niedrigere Decke trägt dazu bei.

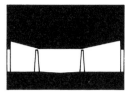

1. Der Hauptraum ist ein großes Rechteck, in das vier mächtige Pfeiler eingestellt sind, die die Öffnung eines Atriums bilden. Die überdachten vier Seiten können je nach Dimension und Ausbildung Vorraum, Flur oder Wohnraum werden. Die Verwandlungsmöglichkeiten dieser Raumfigur sind vielfältig wie das Haus Holtermann mit einem Atrium als Zugang zum Wohnraum und das Haus Kühnen zeigen, bei dem das Atrium wie ein bewohnbarer Kreuzgang wirkt.

Haus Pahde, Köln, 1972

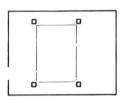

2. In dem ausgestülpten und eingezogenen Baukörper definiert der Hauptraum eine präzise Figur. Er konzentriert das Haus nach innen. Zur Straße ist es abgeschlossen. Die visuelle Beziehung zum Außenraum wird nicht über das Atrium, sondern über den wie einen Fühler ausgestreckten, verglasten Erker der Eßküche hergestellt.

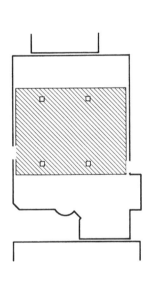

3. Durch gegenüberliegende Türen sind die Seitenräume über den Hauptraum hinweg, jedoch kaum merklich, zugeordnet.

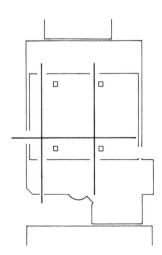

Haus Duchow, Bonn, 1983

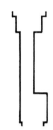

1. Die Raumordnung wird durch einen Flur bestimmt.

In der Verwandlung kann der Flur an der Seite anstatt in der Mitte liegen, wie beim Haus Babanek, oder zur kurzen Diele werden, an die beidseitig je ein Raum anschließt, wie bei Haus Bähre.

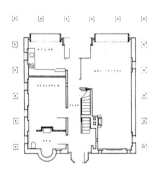 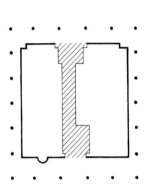

2. Der Flur durchdringt den Hauskörper mittig und gibt den anderen Räumen ihre Abgeschlossenheit voneinander. Er ist der räumliche Luxus des kleinen Hauses, der den Bau als einen dreidimensionalen Hohlkörper erfahren läßt, da er bis unter das Dach offen durchgeht.

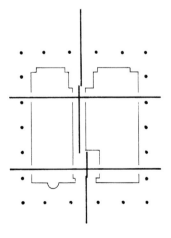

3. Gegenüberliegende Öffnungen schließen optisch die getrennten Räume über den Flur hinweg zusammen.

Wie eine klare Raumkonzeption aus einem vorhandenen Gebäudekomplex herausgearbeitet worden ist, zeigt der Umbau eines Bauerngehöftes aus der zweiten Hälfte des 19. Jahrhunderts in Ollheim.

Aus dem Mittelflur des Wohnhauses wurde eine Treppe herausgenommen und in die schmale Tenne dahinter an den ehemaligen Stall verlegt. Damit entstanden als neutrale, ordnende Räume ein Mittelflur und eine Querdiele.

Die Zwischenwände des Stalles wurden entfernt, eine große, lange gestreckte Halle entstand.

Der lange Saal über ein Gelenk an einen ordnenden Raum gesetzt, ist eine an diesem Hause vorgefundene Konstellation, die Bienefeld beim Haus Kühnen in Kevelaer weiterentwickelte und dort mit einem Atrium verband.

Haus Derkum. Wohnhalle, Fenster und Obergeschoßflur.

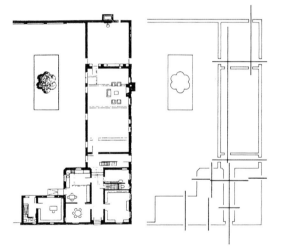

Grundriß und Analyse Haus Derkum, Ollheim, 1978.

In Ollheim wurden die ungleichen Bauten von Wohnhaus und Halle wiederum über Achsen zusammengefügt. Die Ausrichtung des Mittelflures im Wohnhaus wird – ein wenig versetzt – durch zwei gegenüberliegende Türöffnungen in der Wohnhalle und durch eine Luke in ihrer inneren Oberwand weitergeführt. Im Flur des oberen Wohnhausgeschosses unterstützt ein Spiegel diese optische Zusammenbindung.

Eine weitere Achse durchstößt die Rückwand von Halle und Hofmauer und führt den Blick

Haus Kühnen, Kevealaer.
1988.

durch zwei schmale Öffnungen hintereinander in eine unbestimmte Ferne jenseits der Hofmauer, bezieht aber dann optisch den Hof in die Halle mit ein.

Im Haus Kühnen in Kevelaer findet man diese achsialen Verbindungen nicht mehr. Die Baukörper stehen in sich geschlossen und leicht im Winkel gegeneinander gedreht als Individuen, die wie die Glieder einer Gruppe keine Hilfskonstruktionen mehr brauchen und doch zusammengehören.

Das noch unvollendete Haus Reich-Specht in Arnsberg bildet einen künstlerischen Höhepunkt in der Serie von Entwürfen, die den Raum als abgeschlossenen Kosmos zum Thema hatten.

Ein vorhandenes, breitgelagertes Haus wurde zu einem schmalen Giebel mit Dachterrasse umgeformt, zu einem gemauerten Stufenbau,

neben den parallel ein gläsernes Haus mit gleicher Giebelbreite, geringfügig etwas höher und länger, gesetzt wurde.

Es erscheint als eine veredelte Paraphrase auf den Giebel des Backsteinhauses. Dieses Glashaus bildet innerhalb des geplanten Hofes mit offenem Hallengang die Mitte des Bezirkes im Schnittpunkt zweier Achsen. Es hat eine solche Würde, daß man meinen könnte, es schütze ein altes Naturheiligtum durch seine Gitterstruktur und stelle einen abgeschirmten, heiligen Ort dar, von dem nur eine Seite nach außen durch die Mauer dringt und Einblick gewährt.

Die Durchbildung des zentralen Raumes als offenes Glashaus zwischen Mauern und eingefriedetem Garten erzeugt eine Spannung des Offenen im angedeutet Geschlossenen.

Der Glasbau ist jedoch nicht „entmaterialisiert"

Haus Reich-Specht,
Arnsberg, 1983. Lage-
planskizze.

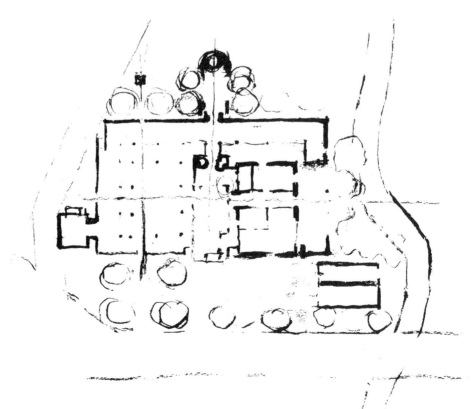

Ansicht Südostfassade
Haus Reich-Specht,
Arnsberg.

durchgebildet. Vielmehr ist das Tragen, das Lasten und das Einfügen der Glasscheiben in der Zusammensetzung der Profile und in der Gestaltung der Übergäng ein der komplizierten Eisenkonstruktion so reich durchgeformt, daß das differenzierte, mehrschichtige Gitter räumlich empfunden wird.

Bei diesem Bau und beim gleichzeitig entworfenen Haus Hendrichs wurde ein Bild der Architektur aufgenommen, das die „Raumidee" Ostendorfs abzulösen scheint: an einen geschlossenen Mauerwerksbau ist eine Hülle aus Glas angesetzt.

Der Mauerbau entspricht äußerlich dem Typus des altägyptischen, gestuften Wohnhauses. Der Kontrast und das Nebeneinander sprengt den Gedanken eines beherbergenden Ordnungsrau-

mes. Das Haus Babanek wird dieses Modell verwirklichen.

Im Rückblick erscheint es so, als würde Heinz Bienefeld sein Repertoire an Raumbildungen, das in den Vorentwürfen zum Haus Nagel bereits vollständig ausgebildet vorliegt, systematisch in immer neuen Zusammenhängen, ohne sich zu wiederholen, durchspielen, scheinbar unabhängig von den Bauherren, aber wohl bezogen auf die örtlichen Situationen. Dabei werden die Bauten und die Raumbildungen immer elementarer und freier.

Bauformen

Oben: Pfarrkirche
St. Bonifatius, Wild-
bergerhütte, 1974.

Unten:Innenhof Haus
Stein, Wesseling, 1976.

In der Entwicklung seiner zentralen, Ordnung und Freiheit vermittelnden, Raumfiguren hat Heinz Bienefeld von der allseitig umschlossenen Halle bis zum offenliegenden Glasprisma mit immer neuen Kombinations- und Ausdrucksmöglichkeiten experimentiert. Die geschlossenen Mauern wurden in Natur- oder in Backstein ausgeführt oder in Kombinationen, die bis zum Ende der 70er Jahre farben- und ornamentenreich waren, wie Dominikus Böhms Kirchenmauern der späten 20er Jahre, und sich mit Bogenformen und Entlastungsbögen wie jene auf römische Vorbilder bezogen. Für die transparenten Wände und Pfeilerstellungen schuf er mit jedem Wechsel des Materials, vom Backstein über Holz zum Stahl, und für deren Zusammenspiel immer komplexere Bauformen, für die ein konstruktives Verständnis der klassischen Säule mit Basis und Kapitell jedoch der unbedingte Ausgangs- und Zielpunkt war.

Emil Steffanns Bild vom freistehenden Pfeiler blieb ebenso Leitidee. „Der Pfeiler trägt die Pfette, die Pfette trägt den Sparren, der Sparren wiederum die Lattung und den Dachziegel. Das klare Gefüge gegenseitigen Dienstes erhebt einen jeden Teil in seiner natürlichen Besonderheit." [15]

Bienefelds transparente Konstruktionen setzen nun für die Glasarchitektur einen Punkt hinter die ein Jahrhundert lang währende Auseinandersetzung um eine architektonisch befriedigende Lösung des Glashauses.

Als 1851 zur Weltausstellung in London das größte Glashaus des 19. Jahrhunderts, der „Kristallpalast", eröffnet wurde, entzündete sich eine langandauernde Architekturdiskussion.

Nach Meinung vieler, auch bewundernder Kritiker zerstörte die Eisenkonstruktion mangels körperlicher Substanz die Ideale der Architektur, insbesondere den Kanon ihrer klassischen Proportionen und löste das Raumempfinden auf. Noch 1869 versuchte der Berliner Architekt Richard Lucae, wie Julius Posener in seinem Aufsatz „Raum" darlegt, das neue Gefühl in ungewöhnliche Bilder zu prägen, ohne den Konflikt mit der klassischen Architekturtheorie auflösen zu können: „Wenn wir uns denken, daß man die Luft gießen könnte wie eine Flüssigkeit, dann haben wir hier die Empfindung, als hätte die freie Luft eine feste Gestalt behalten, nachdem die Form, in die sie gegossenwar, ihr wieder abgenommen wurde. Wir sind in einem Stück herausgeschnittener Atmosphäre." Lucae sah, daß diese „Körperlosigkeit des Raumes" es sehr schwer macht, sich „den Einfluß der Form und des Maßstabes zu klarem Bewußtsein zu bringen." [16] Das aber sind die Forderungen der klassischen Architektur.

Unsere Wahrnehmungsgewohnheiten machen es uns heute schwer, Lucae ganz zu folgen. Vorhandene Zeichnungen des Kristallpalastes zeigen im Inneren eine gleichmäßige Gitterstruktur.

Ich weiß nicht, ob ich, außer im glasüberwölbten Querschiff, die Empfindung von „gegossener Luft" gehabt hätte.

Allerdings mag das große Gitterraster aus dünnen Eisenstützen und gekreuzten Gitterträgern schon sehr unstabil gewirkt haben, und die Doppelstützen am Übergang zum Querschiff werden bei der großen Öffnung, die sie rahmten, diesen Eindruck auch kaum geändert haben.

Bei der Herstellung aus vorgefertigten Teilen erscheint es logisch, alle Bauglieder, auch die großen aus gleichen Elementen, z.B. verdoppelt oder vervierfacht, zusammenzusetzen.

Aber es wurde als ästhetische Ignoranz betrachtet, daß sie nicht mit Gesimsen und

Kapitellen in ihren Proportionen korrigiert wurden. Friedrich Schinkel hat einige Jahre zuvor,
1835, das Problem größerer Schlankheit bei
der Verwendung von Eisen anläßlich eines Ent-
wurfes für „weite Hallen" anders gelöst.

Das Dachtragewerk sollte aus dünnen Eisenträ-
gern bestehen. Diese verlangen dann für einen
proportionalen Zusammenhang zwischen allen
Teilen auch schlankere Stützen. Um die klassischen Größenverhältnisse der Säulen nicht zu
verletzen, hat er diese vertikal geteilt. Auf einer
entsprechend kürzeren Säule steht eine Karya-
tide, beide, Säule und Figur, ohne Verzerrung
ihrer klassischen Proportionen.

Im weiteren 19. Jahrhundert hat man immer wieder dieses gestalterische Problem bei Glashäusern so gelöst, daß man über klassischen

Säulen oder Pfeilern aus Stein in gewohnten
Proportionen die feingliedrige Glasstruktur
legte, so zum Beispiel bei den Glashäusern in
Laeken bei Brüssel. Für uns sieht das aus, als
wäre eine antike Architektur zum Schutz mit
einer modernen Glaskonstruktion überbaut.

Ich denke, erst die Künstler des Jugendstil
haben diesen Konflikt zwischen Auflösung und
architektonischer Flächen- und Raumbildung zu
lösen begonnen.

Sie haben eine optische Gleichgewichtigkeit
von Figur und Grund in die Gitter- und Wand-
gliederungen ihrer dünnhäutigen Bauten über-
tragen, die sie aus der Grafik des japanischen
Farbholzschnittes wie auch aus der ostasiati-
schen Kalligraphie lernten, und somit den Sub-
stanzverlust an Masse durch Konfigurationen

Links: Joseph Paxton.
Kristallpalast, London,
1851.

Oben: Haus Klöcker,
Hochkeppel, 1975.
Vordachstütze.

Unten: Eisenstütze Haus
Heinz-Manke, Köln-
Rodenkirchen, 1986.

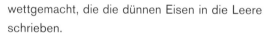

Mitte: Balat und Maget.
Königliche Gewächs-
häuser, Wintergarten,
Laeken, Brüssel, 1876.

Rechts: Victore Horta.
Treppenhaus im Haus
Horta, Brüssel 1899.

Oben: Haus Dominik.
Giebelverglasung,
Bornheim-Walberberg,
1983.

Unten: Pergola
Haus Pohlmann, Neuen-
Kirchen, 1983.

wettgemacht, die die dünnen Eisen in die Leere schrieben.

Viktor Horta führte in seinen Brüsseler Stadthäusern dieses graphische Prinzip am konsequentesten durch. Träger und Stützen, Kapitelle und Auflager sind Elemente einer Raumgrafik, die ihre imaginären Ebenen zwischen den Bauteilen aufspannt.

Heinz Bienefeld scheint in der Methode, nicht in den Formen, an diese Tradition des Jugendstil anzuschließen, wenn er, ohne die Transparenz aufzugeben, in einer räumlichen „Grafik" Fläche und Volumen entstehen läßt. Gleichzeitig kombiniert er gewissermaßen Paxtons Vorgehensweise der Zusammensetzung aus gleichen, dünnen Gliedern mit der einer vertikalen Teilung der Bauelemente Schinkels.

Ich möchte das an einem Beispiel zeigen. Es ist die Überbauung eines dreiseitig eingeschlossenen Balkons mit einem Glasdach und einer Glaswand, der Wintergarten im Obergeschoß des Reihenhauses Henderichs in Erftstadt-Lechenich von 1985.

Würde man diesen Wintergarten mit handelsüblichen Elementen in Aluminium ausführen, so ergäbe das – in Analogie zu Bienefelds Aufgliederung von Wand und ansteigendem Pultdach – ein Gitter mit kräftigen Profilen, eine Rahmenwand mit großen Öffnungen. [17]

Möchte man die Wand- und Deckenfläche so weit als möglich öffnen, ohne aber nur eine durchgehende Glasscheibe zu haben, so sind zum Beispiel dünne Stahlprofile notwendig, die ein einfaches, feines Gitter aufspannen, wie wir es von Glashäusern her kennen. Dabei kann die Fläche als selbständiges Gestaltelement ebenso verloren gehen, wie die Körperlichkeit der tragenden Teile.

Andererseits machen Anforderungen an die Wärmedämmung mit Isolierverglasung und die Vermeidung von Kältebrücken auch wieder stärkere Profile und kompliziertere Konstruktionen erforderlich.

In diesem Spannungsfeld sucht Bienefeld seine Lösung.

1.Öffnung und Zurückgewinnung der Fläche.

Mittels zierlicher Tragprofile soll die Wirkung einer völligen Offenheit und gleichzeitig optisch eine Fläche entstehen. Diese Aufgabe wird durch zwei Schritte erreicht.

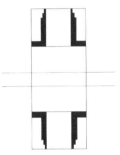

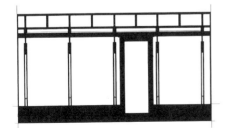

a. Die Stützen werden aus vier Teilen im Quadrat zusammengesetzt, und oben durch einen Stab untereinander befestigt. Der Stab trägt ein horizontales Profil, ein breites „Rähm".

Durch die Teilung der Stützen entsteht in der Ansicht ein Schlitz und durch den Stab am Kopf der Stützen eine Einschnürung, die wie ein negatives Kapitell wirkt.

b. Durch eine entsprechende Proportionierung der Fläche zwischen den Stützen, also durch eine genaue Kalkulation ihres Abstandes, sieht man in der Negativ-Figur ein deutliches „T".

Die Figur der Stütze mit eingeschnürtem Kopf und die Gegenfigur des Zwischenraums als „T" erscheinen, wie in einem Vexierbild, nahezu gleichwertig.

Der Schlitz, der durch die gespaltene Stütze

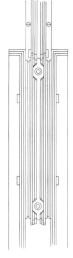

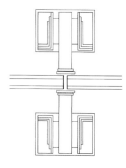

entsteht, setzt die helle Fläche in einer vertikalen Linie fort. Da die Stützen von den Seitenwänden abgerückt sind, und ein kräftiger Holz-Türrahmen als geschlossenes Rechteck zwischen zwei Stützen steht, bilden die verbleibenden schmalen Felder die Hakenform noch deutlicher aus. Man kann ebenso eine durchgehende Glasfläche sehen, in die filigran die durchbrochenen und eingeschnürten Stützen eingestellt erscheinen.

Obgleich der seitliche Abstand der Stützen von der Wand die Wirkung der Offenheit erhöht, wird ebenso das flächenbildende Spiel der gleichwertigen Wahrnehmung von Figur und Grund verstärkt. Die klassische Dreihebigkeit bleibt dabei erhalten, nur beginnt und endet die Reihe mit einer Fuge statt mit einer Stütze.

2. Filigrane Durchbildung und Zurückgewinnung der Körperlichkeit.

Der kleine Bau ermöglichte es an Stelle verzinkter Stahlprofile für die Stützen Zink zu verwenden. Da es Zink nur als Bleche gibt, erfordert die Stabilität die Ausbildung von Winkelprofilen und einen Aufbau aus mehreren Lagen.

Die geteilten Stützen bestehen aus vier dreilagigen, jeweils 3 mm starken Winkelstücken, zwei innen und zwei außen. Dazwischen liegen die Glasscheiben. Die vier Winkel deuten einen Körper an. Die Winkelecken jedoch liegen innen und das sich öffnende Profil ist nach außen gekehrt. Damit ist das eingeschlossene Körperfragment nicht ein Vierkant, sondern ein Kreuz.

Eine obere und eine untere Kopfplatte läßt jedes Winkelprofil als Fragment eines Hohlkörpers erscheinen, dessen vierte Kante das Auge sich zwischen der freistehenden Ecke der Kopfplatten gezogen denken kann. Das Auge gibt den zusammengesetzten dünnen Blechen durch

die angedeuteten Figuren eine oszillierende Körperlichkeit zwischen Vierkant und Kreuz. Aus der Nähe entsteht durch die Winkelformen und die Bildung von Hohlräumen optisch eine Spannung von Begrenzung und Zwischenfigur.

Zusammen mit den abgestuften Schichtungen der Bleche, sowohl der Stützen wie des stabförmigen Stützenkopfes und der Trennung aller Bauelemente voneinander durch Fugen oder Kerben, entsteht ein körperhaftes Bild der Elemente und der Zwischenräume.

3. Glaswand und Zurückgewinnung des Raumes.

Für die Empfindung des Raumes als ein Volumen ist eine Voraussetzung, daß Wände, Decke und Fußboden als optischer Zusammenhang erfaßt werden können.

Bienefeld hat dazu die Flächen als Figuren entworfen.

Die Wahrnehmung der Körperlichkeit der Bauglieder ist aber für die Raumwirkung ebenso wichtig. Die Andeutung einer Tiefendimension für die Wand und das Dach gibt dem so gebildeten Raum die Empfindung von Volumen.

Bienefeld hat dabei die Stärke der Bauglieder so abgestimmt, daß sie der Wahrnehmung der Flächenfigur nicht entgegenwirken. Er hat sie vom Großen zum Kleinen stufenweise geordnet. Was im Detail in der Nähe körperhaft wirkt, wird im großen Zusammenhang Teil der Fläche. In der Distanz werden die Volumina der Stützen und Träger zum Relief. Die Bauteile sind so feingliedrig, daß sie, aus der Nähe betrachtet, trotz ihrer Kompliziertheit im Zusammenhang mit der Wand nicht dominieren oder den Raum übertönen.

Zur räumlichen Wirkung tragen auch die Raumkanten bei. Geschlossen oder offen werden

Glasdach Wintergarten
Haus Hendrichs.

Fußboden oder Decke über die Kanten in der Wand ein Stück weitergeführt. Der zum Sockel hochgezogene Fußboden deutet ebenso ein Volumen an wie der Lüftungsschlitz über dem Rähm, der als Fortsetzung der schrägen Glasdecke aufgefaßt werden kann, da das tieferliegende Rähm mit seinem breiten Profil der eigentliche obere Abschluß der Wand zu sein scheint.

Die Verteilung der Funktionen auf unterschiedliche Bauglieder macht die einzelnen Elemente unvollständig und voneinander abhängig. Sie sind so entworfen, daß sie jeweils zum nächst größeren Zusammenhang sich fügen, zu einem optischen Puzzle, das alle Teile miteinander verhakt. Die Kunst Bienefelds besteht darin, jedes einzelne Element als Individuum erscheinen zu lassen, aber auch als Teil einer dreihebigen, grafisch schönen Figur, ohne auf die optische Logik der Darstellung von Lasten und Tragen zu verzichten. Man kann sich vorstellen, wieviel Mühe die Vollendung eines solch kleinen Raumes gekostet hat.

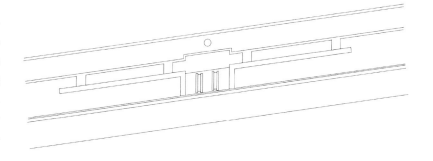

Proportion

Kaum ein Begriff der Architekturtheorie hat eine größere Bedeutung als der der Proportion.

Wörtlich übersetzt meint er nur „Verhältnis". Wir verbinden jedoch damit alle Aspekte von Harmonie und Einheitlichkeit.

Die Arbeit an der Proportion durchdringt bei Heinz Bienefeld jeden Schritt im Entwurfsprozeß vom Grundriß über die Ansichten bis hin zum Detail. Die Proportion ist es, so seine Überzeugung, die dem Bau seine Wirkung für das empfängliche Auge verleiht. Die Antike und noch das Mittelalter sind und bleiben für ihn das unerreichte Vorbild, das seine Geheimnisse allerdings nicht preisgeben möchte.

„Die schwere Masse des Poseidon Tempels in Paestum hat eine Leichtigkeit, als wäre sie von oben herabgelassen. Der Grund für diese Wirkung muß die göttliche Zahl sein, welche die Materie auflöst."

Poseidontempel,
Paestum.

Bei den Lehrmeistern Dominikus Böhm und Emil Steffann spielten Proportionen eine ebenso wichtige Rolle, aber darüber zu sprechen oder, im Sinne einer Lehre, das Empfundene weiterzugeben, war tabu. Bienefeld sucht die „göttliche Zahl" durch unendliche Mühen hindurch in seiner eigenen Urteilskraft. „Es fehlt immer noch ein Stück, um die Qualitäten der Antike oder des Mittelalters zu erreichen.

Was ist es, das fehlt? Wenn ich das wüßte! Ich versuche dahin zu kommen, doch bin ich mir im Klaren, daß ich das nicht finden werde."

Bei diesem Suchen im Dunklen, welches bestimmt ist von der Sicherheit, es könne wieder das Gefühl für Harmonie geben, so wie es das einmal gegeben hat, steht Bienefeld in einer bedeutenden Tradition in unserem Jahrhundert.

Zwei Avantgarde-Künstler, die einen traditionellen Architekturbegriff nicht aufgaben, sondern nur verwandelt wissen wollten, Bruno Taut und Le Corbusier, haben der Proportion in ihren Architekturtheorien einen bedeutenden Platz eingeräumt. In seinen 1936 in der Emigration in Japan entstandenen „Architektur-Überlegungen" [18] schreibt Bruno Taut: „Die Architektur ist die Kunst der Proportion". Er meint damit nicht die Anwendung bestimmter Maßverhältnisse, sondern die gewissenhafte Erfassung aller Bedingungen für einen Bau, die zu einem „anständigen Zusammenleben" gehören, und deren angemessene und ausgewogene bauliche Verwirklichung.

„Was ist ... die gelungene Proportion? ... Qualität überhaupt − nicht nur die Proportion − gehört zu all den Erscheinungen, die da sind und doch nicht definiert werden können, wie das Leben, Geburt und Tod, wie alles Elementare des Universums.

Kunst ist die Äußerung dieses Undefinier- und Unsagbaren durch den Menschen ... Technik, Konstruktion und Funktion mag längst vergessen sein, die Proportion aber kann nicht sterben. Sie ist unsterblich." Sie ist das, was ein Bauwerk zur Architektur macht. Sie entsteht nur durch den Künstler, aus seinem Inneren. Man kann Proportion nicht lehren. „Zum Lernen und Nachmachen ist da nichts." Vorläufig kann nur Kritik gelten, die feststellt, daß etwas nicht gut ist und warum es nicht gut ist.

Le Corbusier suchte einen festeren Stand und war wie viele Naturforscher und Kunsthistoriker überzeugt, die Schlüssel zu harmonischen Formgebungen in der Geometrie der Pflanzen und Tiere und in der Antike zu finden.

In „Vers une Architecture", 1925, verbindet er in dem berühmten Kapitel „Die Aufriß- Regler" die ästhetischen Ziele der Harmonie mit den ethischen der Ordnung.

"Die Verpflichtung zur Ordnung. Der Aufriß-

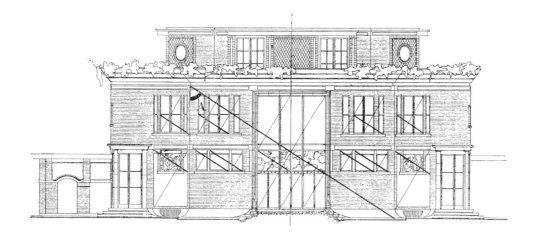

Le Corbusier.
Villa Schwob, La Chaux-
de-Fonds, 1916. Einge-
zeichnete Proportions-
linien.

Regler ist eine Selbstversicherung gegen die Willkür. Er schenkt dem Geist Befriedigung … Seine Wahl und seine Ausdrucksabwandlungen haben wesenhaften Anteil am schöpferischen Gestalten der Architektur.“ [19]

Baupraxis und Vernunft gebieten die Verwendung von Einheitsmaßen und geometrischen Konstruktionen. Sie bringen in das Menschenwerk einen „Determinismus“, den Natur- und Sittengesetzen gleich. „'Der Aufriß-Regler' trägt jene den Sinnen begreifbare Mathematik heran, die uns die beglückende Wahrnehmung der Ordnung schenkt.“

Die Wahl des Aufriß-Reglers stellt den Augenblick schöpferischer Inspiration dar und „zählt zu den Haupthandlungen der architektonischen Gestaltung.“ [20]

Im Kapitel „Reine Schöpfung des Geistes“ zieht er dann eine Parallele zwischen Natur und Kunst und verknüpft sie zu einem religiösen Erlebnis.

Er vergleicht die feine Durchbildung eines Gesichtes mit den Profilierungen am Parthenon. „Wenn die Feinheit der Modellierung und die Gliederung der Züge Verhältnisse enthüllen, die man als harmonische erfühlt“, dann wird damit „in der Tiefe unserer Seele, über unsere Sinne hinaus ein Nachhall“ geweckt, „gleichsam ein Resonanzboden in uns zum Schwingen“ gebracht. „Spur eines unbestimmbaren Absoluten, das im Urgrund unseres Seins eingeboren ruht.“ Hier „steht der Organismus des Menschen in vollem Einklang mit der Natur.“ [21]

Le Corbusier wird sodann praktisch und in seinen Anweisungen verhältnismäßig einfach.

Er findet zwei Methoden, die Schönheit und Einheitlichkeit gewährleisten.

1. Größenverhältnisse müssen sich als gleich proportionierte Rechtecke wiederholen, und

2. die Linien eines architektonischen Werkes liegen auf Schnittpunkten geometrischer Figuren, die aus regelmäßigen Kreisteilungen hervorgehen.

Die erste Methode führte Le Corbusier zu Konstruktionen von parallelen und im rechten Winkel zueinander stehenden Diagonalen, die Umrissen, Öffnungen und anderen Gliederungen einer Fassade eingezeichnet werden, die zweite zum „Modulor“, zu Zahlenreihen in Teilungen des Goldenen Schnittes.

Heinz Bienefeld stimmt in der Einschätzung der Wirkung von Proportionen mit Le Corbusier völlig überein, aber er sieht wie Taut heute keine Möglichkeit durch einfache Regeln dieses Ziel zu erreichen. Dabei arbeitet er konkret mit Zahlen wie Palladio, die er durch sorgfältige Beobachtung gestützt für sich bewertet. Gewisse Proportionen erzeugen bestimmte Stimmungen.

Über Proportionen

„Die Grundverhältnisse 4:3, 5:3, 8:5, usw. begleiten die gesamte Menschheit in der Architektur wie auch in der Musik.

5:3 ist eine Tugend; es ist ein Verhältnis, das durchaus angenehm ist. Mit dem Quadrat ist das so eine Sache. Ohne optische Korrekturen kann man es nicht verwenden. Im Grundriß wirkt es unbestimmt.

Wenn man einen Raum betritt, der quadratisch ist, hat man ein ungutes Gefühl. Man muß dem Raum andeutungsweise eine Richtung geben, in der man ihn beschreitet.

Das oktametrische Maß der Backsteinmauer verführt zu einer anderen Denkweise, so daß man nicht die Raumproportion vor Augen hat, sondern eine rein technisch praktikable Verwirklichung des Baus, egal wie das Ding aussieht.

Kommt man über das Verhältnis 2:1 hinaus, ist es immer kritisch. Die Proportion kann leicht ins Unklare abrutschen. Dabei verlasse ich mich auf mein eigenes Empfinden. Die Sinne sind das Hauptregulativ!

Es ist verblüffend, welche Ausstrahlung Rechtecke besitzen, die sich so einfach mit Zirkelschlag bestimmen lassen ($\sqrt{2}:1$, $\sqrt{3}:1$, $1/2 \times (1 + \sqrt{2}) : 1$).

Der Goldene Schnitt wird besonders von interessierten Laien überbewertet wegen seines Namens, und weil er angeblich alles regeln kann. Deswegen polemisiere ich oft gegen den Goldenen Schnitt.

Er ist schön, aber nicht besonders charaktervoll. Ich habe Proportionen an alten Grundrissen untersucht, aber auch an existierenden Gebäuden nachgemessen. Es gibt kaum eine Treppe, die während meiner Aufenthalte im Urlaub nicht nachgemessen wurde. Dabei stellt man zum Beispiel fest, daß die propagierte Bequemlichkeitsregel des Steigungsverhältnisses völlig unbrauchbar ist.

Ebensowenig ist die geforderte Raumhöhe von 2,50 m machbar. Das ist zu unentschieden. Ich mache sie niedriger. Dafür ist zum Beispiel die Eingangshalle hoch.

Das alles darf man nicht dem Zufall überlassen, auch nicht der Funktionalität alleine. Für ein Haus wird ein Fensterformat als charakteristisches Element geometrisch exakt festgelegt."

Über Regeln

„Geometrische Regeln wären einengend. Wenn es Proportionssysteme gab, dann sind sie (heute) völlig verschwunden. Ganz bestimmt gab es sie einmal, aber das läßt sich heute nicht erklären. Man findet kaum ein häßliches Gebäude im Mittelalter.

Ist vielleicht nur das Gute stehengeblieben?

Nein, dieses Ausleseverfahren hat es nicht gegeben, ganz im Gegenteil. Ich bin davon überzeugt, daß es feste Regeln gab, die das Handwerkszeug des Baumeisters waren und explizit weitergegeben wurden, aber irgendwann verlorengegangen sind. Und es besteht keine Möglichkeit, durch Untersuchungen ihr Geheimnis zu lüften. Der große Bruch ist die Französische Revolution, wo noch vorhandene, tradierte Regelsysteme restlos vernichtet worden sind. Die Folge des Verlustes solcher Proportionssysteme ist die Auflösung des Schönheitsbegriffes.

Man müßte ein solches System von innen heraus kennen. Es ist ja nur dann anwendbar, wenn es zwar feste Regeln gibt, diese aber variabel sind im Verhältnis eins zu unendlich, würde ich sagen, weil jede Situation anders ist.

Versuchen wir über einen Plan ein geometrisches Netz zu legen, wie zum Beispiel die Triangulatur, dann sieht man, daß das falsch ist, weil ein solches System gar keinen Rhythmus kennt. Und einmal gefunden, wäre es auf ein anderes Gebäude gar nicht anwendbar.

Heute geht das nur, wenn man Grundproportionen verinnerlicht, so daß diese in einem drin sind. Das ist die einzige Möglichkeit, dem gerecht zu werden.

Was ein Haus zu einem Kunstwerk macht, ist schwer zu vermitteln. Wie ein Musiker täglich üben muß, damit er die richtige Proportion hinkriegt, so ist es auch nicht anders mit der Architektur. Daher muß ein bildender Künstler täglich üben.

Man muß unter den unendlich vielen Möglichkeiten die richtigen Zusammenhänge herstellen.

Suchte man heute nach einem klaren System, dann wäre das wie Blindekuh-Spielen.

Man ist sich darüber im Klaren, daß bei der auf Empfindung beruhenden Anwendung der Proportion immer ein Rest Unbefriedigtsein zurückbleibt. Der letze Grad an Vollkommenheit ist unerreichbar.

Ich hänge mehrere Fassadenzeichnungen für einige Tage auf und lasse sie auf mich wirken, um entscheiden zu können, welche Variante die Richtige ist.

Meine Forderung an die Architektur ist: es darf

keine unkontrollierten Flächen, keine nicht bedachten Teile geben. Es geht darum, den Entwurf wägbar zu machen, und das macht unsere eigentliche künstlerische Arbeit aus. Man kann kein Fenster mehr verschieben oder etwas umplatzieren, wenn der ausgewogene Entwurf erreicht ist. Wenn ich das Gefühl habe, daß etwas nicht paßt, arbeite ich so lange daran, bis dieses Gefühl weg ist."

An der Entwicklung des Grundrisses und der Straßenfassade des Hauses Bähre in Algermissen, 1984, wird versucht, den Entwurfsprozeß als eine Bestimmung von Proportionen nachzuvollziehen.[22]

Der Grundriß:

1. Am Anfang steht der Lageplan.

Zu Beginn macht Heinz Bienefeld ein Plastilinmodell der Umgebung des Bauplatzes im Maßstab 1:500. In diesen wird der Baukörper des neuen Hauses als eine „Antwort auf die Umgebung" in gleichem Material eingefügt, so daß es unauffällig ist und damit als Teil der Umgebung verstanden wird.

Für das Haus Bähre legte er einen schmalen,

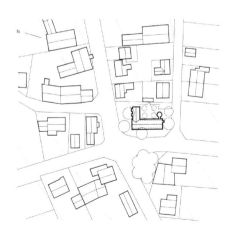

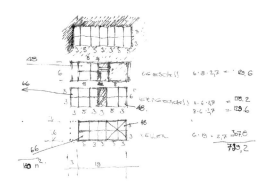

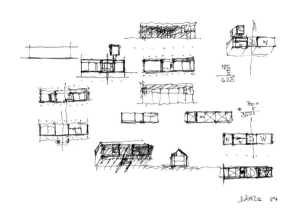

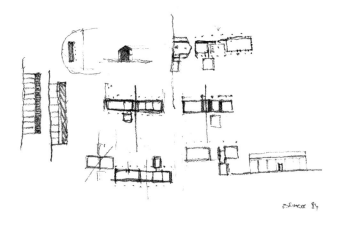

langgestreckten Baukörper fest, welcher der baumbestandenen Straßenecke gegenüber eine Wand bildet und einen Platz andeutet.

Der Bau ist Abschluß und Steigerung einer unregelmäßigen Gruppe von Häusern. Anbauten schirmen einen Gartenhof ab. So entstehen durch das neue Haus klare öffentliche und private Räume und ein sich schließendes Dorfbild. Ohne entscheidende Änderungen wird diese Konzeption in die Planung umgesetzt.

2. Erste Skizzen 1:500, mit dünnem Filzstift gezeichnet, geben gleichsam als eine Vorübung Größenverhältnisse in Zahlen an. Die Zahlen bedeuten Metermaße. Man findet schematische Teilungen, die Räume werden können, einen Rhythmus andeuten und Grundproportionen bilden: 2:1, 4:3, 6:5, usw.

Unter den Skizzen finden sich keine Perspektiven. Alle Vorstellungen werden in Grund- und Aufrisse projiziert und in diesen Planzeichnungen abgewogen.

3. Skizzen 1:500, dünner Filzstift.

Ein schmaler, Ein-Raum tiefer Grundriß entsteht. Die im Modell festgelegte Trauf breite des Baukörpers von 8 m wird durch ein breites Satteldach auf Stützen erreicht. Der Grundriß wird zur Isometrie ergänzt, um sich der körperlichen Wirkung zu versichern.

4. Skizzen 1:500

Weicher Bleistift und Kohle fassen die Raumproportionen optisch zusammen. Regelmäßige Stützenreihen stehen im Kontrast zu differenzierten Raumgrößen. Neben quadratischen und schmal-rechteckigen Formen steht ein Wohnraum als Rechteck im Verhältnis 2:1 oder $\sqrt{3} : 1$.

5. Nachdem Raum und Baukörper im Maßstab 1:500 entwickelt sind, werden die Räume 1:200 mit dem Lineal in Bleistift aufgerissen und durch Zirkelschlag Proportionen genau konstruiert.

Nebeneinander stehen Quadrat, 1/2 (1+√2) :1 (Verlängerung des Quadrats um die halbe Diagonale) und √3:1 (Verlängerung des Quadrats um die Diagonale und nocheinmal um die gewonnene zweite Diagonale), Wandstärken werden aufgetragen.

6. Die Überzeichnung der Konstruktion 1:200 mit Kohlestift dient zur ersten Festlegung von Öffnungen (Auswischen der Kohlestriche) und der Regulierung der Raumzusammenhänge durch Achsen.

Andere Skizzen sind Überzeichnungen der Konstruktionslinien mit Lackstift, die ebenfalls den Zweck haben, die Wirkung zu kontrollieren und zu bestätigen.

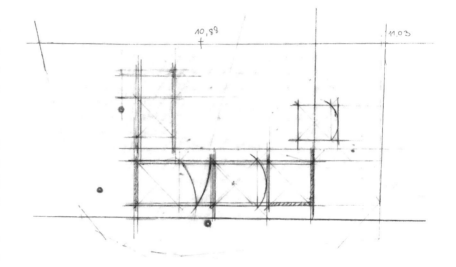

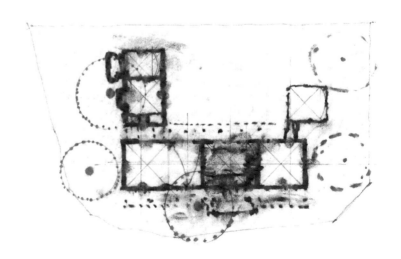

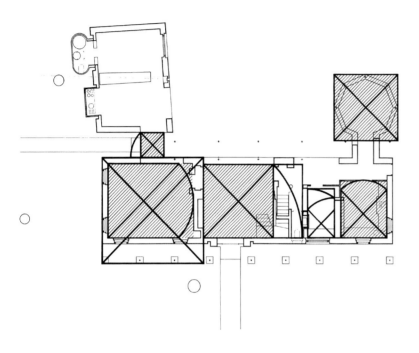

7. Systematische Untersuchung des fertigen Grundrisses nach Proportionen.

Die schraffierten Flächen sind die von Bienefeld durch geometrische Konstruktion festgelegten Rechtecke. Es sind wichtige Räume wie Diele, Wohn- und Eßraum.

Die übrigen durch Diagonale und Zirkelschlag gekennzeichneten Proportionen konnten bei der Analyse gefunden werden. Dabei wurden außer Quadraten weitere Rechtecke in den Verhältnissen √2:1 und √3:1 entdeckt, die dem Auge nicht unmittelbar sichtbar sind, und die Bienefeld nicht bewußt konstruiert hat. Es ist keineswegs erstaunlich, daß solche Proportionen im einzelnen und für den Grundriß als Ganzes auftreten. Es wird ja so lange hin- und hergeschoben, bis das Liniengeflecht eine „befriedigende Optik" hat.

Diese nachträglich ermittelten Proportionsfiguren bestätigen die Zuverlässigkeit des Sehens. Wichtig erscheint eine klare Proportion über dem recht komplizierten Gesamtgrundriß.

Hans Junecke weist für die griechische Architektur nach, daß die Gesamtfigur mit einem ganzzahligen Verhältnis auf einfachen pythagoreischen Teilungen aufgebaut war. [23]

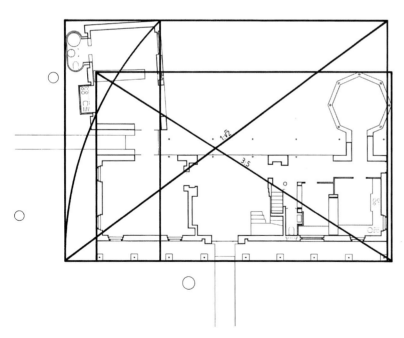

Die Ansicht

Zwei Schichten bestimmen die Ansichtszeichnung für die Baueingabe im M 1: 100: die vorgesetzte, gleichmäßige Stützenreihe und die Hausmauer mit vielen unterschiedlichen Fensteröffnungen.

Wegen eines Baumes mit großem Ast wird das Stützfeld an der Haustüre breiter angelegt und das linke Nebenfeld verkleinert, was eine gewollte Störung in der regelmäßigen Reihung mit Rechtecken im neutralen Format von ungefähr 2:1 erbringt. Dagegen sind die Fenster in der Mauer scheinbar beliebig angeordnet. Sie sind als Projektion der inneren Raumeinteilung ungleichmäßig über die Fläche verteilt. Es gibt ein gleiches Fensterformat mit dem Verhältnis 5:3 für die mittelgroßen Fenster. Der Rahmen für die Haustüre hat dieselben Verhältnisse.

In der Weiterbearbeitung des Baueingabeentwurfes, von der drei Stufen gezeigt werden, sind die Mauerfassaden mit Kohle gezeichnet. Mit Wegwischen und Überzeichnen wurde nach einer befriedigenden Verteilung der Öffnungen getrachtet.

1. Die „Normalfenster" erscheinen etwas größer und haben ein Verhältnis von 5:3. Sie werden näher aneinander gerückt, wodurch ein gleichmäßigeres Bild entsteht. Drei größere und zwei kleine Rechtecke dazwischen bauen Spannung auf. Um die Türe als „Drehpunkt" entsteht eine rotierende Bewegung wie in Bildern der Konstruktivisten.

2. Die Komposition wirkt ruhiger. Das große Fenster im Obergeschoß wurde auf Normalgröße reduziert.

Der fast gleichmäßigen Reihung im Obergeschoß steht als Kontrast eine Ungleichverteilung im Erdgeschoß gegenüber. Die große Haustüre und zwei kleine, quadratische Fenster bilden eine kompositorische Mitte. Wie ein Keil schieben sie sich nach oben in das Feld und scheinen die oberen Fenster zur Seite zu drücken.

Wie bei 1 entsteht eine Bewegung, jedoch in vertikaler Richtung. Die Proportion der „normalen" Fenster wirkt gedrängter, ungefähr 4: 3.

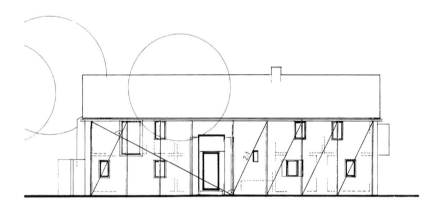

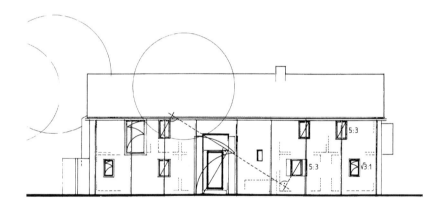

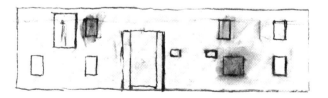

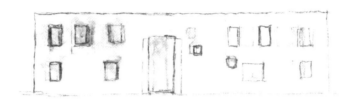

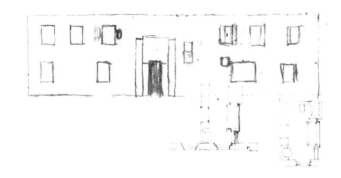

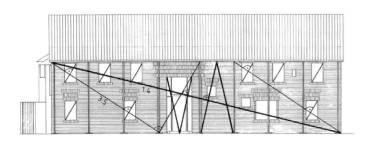

3. Die Mehrzahl der Fenster ist gleich groß und hat das Verhältnis 5:3. Es ist das Hauptthema der Komposition.

Die Fenster sind im Obergeschoß fast regelmäßig gereiht und bilden nun mit den Erdgeschoßfenstern, die sich direkt oder mit kleinen Verschiebungen auf die darüberliegenden beziehen, zwei gut ablesbare Gruppen. Damit ist die „Dynamik" nahezu zum Stillstand gebracht.

4. In der endgültigen Fassade bleibt die Stützenreihe unverändert. Das verbreiterte Feld vor der Eingangstüre bringt eine Verschiebung in die Gleichmäßigkeit und löst gleichsam das Problem der mittigen Stütze, die in einer klassischen Komposition, von wenigen Ausnahmen abgesehen, nicht vorkommen darf. In der Mitte muß immer eine Öffnung sein. Die Verbreiterung des Feldes lenkt die Aufmerksamkeit weg von der verstellten Mitte. Es entsteht aber keine Unruhe, da zwei Stützfelder zusammen nahezu immer ein Quadrat bilden.

Die Fenster in der Backsteinmauer formen ablesbare Gruppen, ein Zufallsmuster, das kein Erzeugungsprinzip und keine gleichwertigen Proportionsfiguren dazwischen erkennen läßt.

Das wiederum steht im Kontrast zu dem genauen Verhältnis von 5: 3, das neun der dreizehn Fenster haben. Ein weiteres Fenster ist ein exaktes Quadrat, zwei andere sind ihm angenähert. Zwischen zwei Fenstern des Obergeschosses liegt noch ein kleines, schmales. Die Fassade wirkt nun unaufdringlich, beinahe selbstverständlich.

Die Verhältnisse zwischen den Öffnungen folgen keinerlei Zahlenreihen, und doch stehen sie in einer elastischen Beziehung, die sie weder eintönig noch dynamisch erscheinen läßt. Ich möchte die Komposition der Fassade mit einem

Bilde verdeutlichen. Die Bewegung, welche das große Rechteck der Haustüre in die anderen Öffnungen bringt, ist wie ein Stein, der ins Wasser geworfen wurde und Wellen geschlagen hat. Zum Rande hin kommen die Bewegungen zur Ruhe, zeigen daß er „fest" ist, und es bildet sich indirekt wieder eine dreihebige Gliederung aus.

Hält man sich die geschlossene, symmetrische Komposition des Hauses Nagel, die von Palladio oder Serlio herrühren mag, zum Vergleich vor Augen oder die rhythmische Reliefbildung der Außenwände am Haus Holtermann, in der man römisches Mauerwerk sehen kann, so wirkt die Straßenansicht des Hauses Bähre unschuldig und fast kindlich. Zum Kontrast steht ihr die künstlerisch höchst anspruchsvolle, gestufte Glasfassade auf der Gartenseite gegenüber.

In letzter Zeit spürt Heinz Bienefeld den künstlerischen Möglichkeiten des naiv Wirkenden nach. Für Haus Babanek zeichnete er ein radikal einfaches Haus, ein „altägyptisches" Stufenhaus mit Reihen gleicher Türen und Fenster, ganz ausdruckslos so, als wäre es die Malerei eines Kindes.

Durch die aufeinander bezogenen Verhältnissee und die strenge Gesamtform hat das Bild des Hauses aber die Ausstrahlung eines Sakralbaus. Es scheint das Geheimnis seiner Zahlen in der Regelmäßigkeit seiner Teile noch mehr zu verbergen, als die wie absichtslos wirkende Zufälligkeit der Fassade am Haus Bähre.

55

MATERIAL

Diele Haus Schütte.
Köln-Müngersdorf, 1978.

Ich bin mir bewußt, daß der Komplexität des Werkes, der unentwegten Arbeit an der Gestalt, der unermüdlichen Suche nach Verwirklichung dessen, was das Klassische genannt werden könnte, mit Worten und sachlichen Analysen nicht beizukommen ist. Sie hinken hinterher, können einige Zusammenhänge feststellen, aber sicherlich keine Richtungen andeuten.

Trotz der immer größeren Einfachheit der Konzeptionen, der Heinz Bienefeld nachzugehen scheint, entstehen immer andere Raumbildungen und unvorhergesehene Wirkungen.

Daß die ausgeklügelte Harmonie der Räume keine bequeme Gefühlsseligkeit erzeugt, hängt wesentlich mit der Durchsichtigkeit des Hauses und mit der Wirkung seiner Materialien zusammen. Beide haben etwas mit Ehrlichkeit, vielleicht besser gesagt, mit Direktheit zu tun.

Die Geborgenheit der Räume wird immer kontrastiert mit einem Öffnen, nicht nur nach außen, sondern auch nach innen und nach oben, bis unter das „freigelegte" Dach.

Ist im Haus Schütte die Diele und der Wohnraum von dem offen erscheinenden Sparrendach - das ein inneres Dach ist, über dem die Wärmedämmung liegt - überdeckt, so daß sich das Gefühl eines offenen Übergangs in den Garten steigert, sind bei Haus Groddeck und

den späteren Bauten die Dächer wie dünne Zelte auf schlanken Stützen aufgespannt und von der Diele aus wie in einem Raumschnitt zu erfassen, während der Wohnraum als niedriges Haus im Haus Abgeschlossenheit vermittelt. Grundsätzlich existieren in jedem Haus Stellen, von denen man in äußerste Winkel sehen kann, so als seien einzelne Schichten aufgeklappt.

Die andere Form der Direktheit ist der Umgang mit Materialien.

Wie oben bereits erwähnt wurde, übernahm Bienefeld die sinnenhafte, reich gebildete Oberfläche der in Backstein und Naturstein gemischten Mauern von Dominikus Böhm. Er wies damit auf ein Thema der Architektur hin, in dem weithin Unsicherheit und Ignoranz besteht, sicherlich auch weil durch Publikationen Zeichnung und Fotografie dominieren.

Aber „das Wohl und Wehe der Architektur hängt von der Wirkung der Oberflächen ab." Und die Wirkung der Oberfläche ihrerseits hängt mit der Brechung des Lichtes auf ihr zusammen. Bei den Putzen kann man das am besten erfahren. Wird dem Kalk kristallines Marmormehl beigemischt, so dringt das Licht unter die Oberfläche, läßt diese fast immateriell erscheinen und wird lebendig wechselnd wie eine empfindsame Haut. Sie gibt die feinsten Farbnuancen der Umgebung wieder.

Dagegen kontrastierend wird die natürliche Farbe des Holzes gesetzt, das immer roh eingebaut wird und selbst in den Dachstühlen frei von verunstaltenden und giftigen Schutzmitteln ist. Generell werden auch die Metalle nicht glatt und glänzend, im High-Tec Image, eingebaut, sondern mit einer Oberfläche, die bei der Bearbeitung Rauhigkeit und lebendige Unregelmäßigkeit entstehen läßt. Das wirkt keineswegs rustikal, sondern stellt einen Kontrast zur Präzi-

Ansicht Haus Groddeck.
Bad Driburg, 1984.

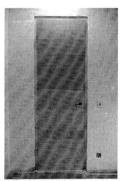

sion der Bauteile her, eine Unschärfeund eine Brechung an der Oberfläche.

Die Backsteine, zum Beispiel, die mit der ungleichmäßigen Lagerseite nach außen vermauert werden, erhalten breit und bündig ausgestrichene Fugen, die sich zu einer Fläche, zu einer nahezu exakten Ebene wieder zusammenschließen.

Wohl mag es „unfertig" wirken, wenn Sperrholztüren unlackiert bleiben, der Stahl verzinkt oder bei kleinen Objekten gleich Zink verwendet wird. Glatte Materialien und glänzende Oberflächen bilden Akzente, bleiben vereinzelt als farbige Fensterrahmen der Lüftungsflügel, als metallene Außentüren oder aus der Backsteinmauer heraustretende lackierte Metallzylinder und kristalline Glaskörper.

Das alles bedeutet jedoch keine ideologischen Festlegungen. Frühere Prinzipien scheint Bienefeld aufzugeben, wenn er nun Innenräume über alle unterschiedlichen Materialien, Konstruktionen und Details hinweg weiß streicht, um eine größere Einheitlichkeit der Form zu erhalten.

Man mag eine solche Neutralisierung bedauern, muß aber zugestehen, daß immer ganzheitliche, in sich schlüssige Werke entstehen. Bienefeld sieht kein Ergebnis als endgültig an, sondern vollzieht einen fortwährenden Balanceakt, der das Verständnis des Klassischen in alle Richtungen in kleinen Schritten zu erweitern versucht.

Links: Ziegelsteingiebel zum Hof. Haus Derkum.

Oben:Treppenhaus Haus Derkum.

Unten: Sperrholztür Haus Holtermann.

EPILOG

Alles Gedachte und schon einmal Skizzierte
taucht in neuen Werken unvermutet wieder auf
in einem neuen Zusamenhang. Während der
Arbeit an einem Entwurf sind fast bis zur Fertig-
stellung die Festlegungen vorläufig und können
wieder verworfen werden.

Heinz Bienefeld würde auch größere Projekte
als Wohnhäuser und Gemeindezentren bauen
wollen, aber er müßte dafür sicherlich diese
seine Arbeitsweise ändern. Er müßte vieles
Anderen überlassen und könnte nicht mehr alle
Einzelheiten ganz und gar selbst bestimmen.

Das Wohnhaus mit seinem Alltag dem Alltag zu
entrücken, einen schönen Gebrauch jenseits
des nur Nützlichen und Zweckhaften entstehen
zu lassen, ja, in diesem Geringen des Wohnhauses die höchste Form der Architektur als
Kunst zu verwirklichen, das ist die Aufgabe, die
er sich bisher gestellt hat.

Daß er dabei nach überpersönlichen Werten
sucht und diese mit jedem Bau als Objektivum
herausschält, als etwas Prototypisches zur
Erscheinung bringt, das gibt ihm seine hohe
Stellung innerhalb der Kultur unserer Zeit.

Die Suche nach der höchsten Form des Kunst-
werkes läßt Heinz Bienefeld als einen beschei-
denen, immerfort selbstkritischen Diener erscheinen, dem es nur um das Werk geht. Dieses
Werk und alle seine Teile sind lediglich Stadien
zum Vollendeten, obgleich jeder Bau uns schon
als ein Vollendetes erscheint. Er ist dabei
kompromißloser Außenseiter und rätselhaft
verschlossener Innenseiter, einem Felsblock
gleich, den man nicht umgehen kann, und ein
schlechtes Gewissen für alle leichtfertigen
Kompromißler und Nachahmer.

Höchste Kunst fordert diese Unerbittlichkeit. Ist
Kunst ein Ausfluß des Lebens, was ist dann das
Leben selbst?

Anmerkungen

1) Wenn nicht anders gekennzeichnet, sind die Zitate Äußerungen Heinz Bienefelds anläßlich eines Gesprächs im Juni 1990.

2) J.Habbel (Hrsg.), Dominikus Böhm, Regensburg 1943

3) ARCH+ 72, 1988, S.24

4) Manfred F.Fischer, Fritz Schumacher, Hamburg 1977, S.16

5) ARCH+ 87, November 1988, S.41ff

6) A.Scheffers, Architektonische Formenschule, Leipzig 1862

7) Alexander Tzonis und Liane Lefaivre, Das Klassische in der Architektur, Bauweltfundamente 72, Braunschweig 1987

8) Gerd Poeschken, Karl Freidrich Schinkel, Das Architektonische Lehrbuch, München 1979, S.58

9) Friedrich Ostendorf, Sechs Bücher vom Bauen, 3. Aufl., Berlin 1918, S.1

10) ebenda S.3

11) ebenda S.X

12) ebenda S.4

13) Norbert Elias, Die höfische Gesellschaft, Darmstadt 1983

14) Die Analysen entstanden im Rahmen einer Studienarbeit und wurden von Thomas Doussier, Martin Schreiner, Barbara Hake und Edgar Marzusch durchgeführt. Veröffentlicht wurde sie in ARCH+ 79, 1985, S.32ff

15) Lothringer Baufibel 1943, in: ARCH+ 72, 1988

16) Julius Posener, Reden und Aufsätze, in: Bauweltfundamente 54/55, Braunschweig 1981

17) Die folgenden Zeichnungen entstanden im Rahmen einer Studienarbeit von Jens Winterhoff

18) Bruno Taut, Architektur-Überlengungen, Manuskript 1936, Bruno Taut Archiv, Aachen

19) Le Corbusier, Vers une Architecture, dt.: Kommende Baukunst, Stuttgart 1926, S.51

20) ebenda S.57

21) ebenda S.171

22) Grundlage der folgenden Ausführung ist eine Studienarbeit über Proportionen bei Heinz Bienefeld von Christoph Heide und Urban Schnieber

23) Hans Junecke, Die wohlbemessene Ordnung. Berlin 1982

BAUTEN UND PROJEKTE

Bischofskirche St. André

1967

Der Entwurf für eine Bischofskirche in Goma am Kivusee sieht einen kreisförmigen Raum von 60 m Durchmesser mit 2000 Sitzplätzen vor, in dem der Altar Mittelpunkt eines abgesenkten sakralen Bereiches ist. Der Typus des Zentralbaus enthält das Bild frühchristlicher Kirchen, aber auch das eines schützenden Krals.

Das nahezu 3 m dicke Mauerwerk sollte in dem vulkanischen Gestein der Umgebung ausgeführt werden. Ein großes Gittertragwerk aus ungeschälten Eukalyptusstämmen ruht auf der Mauer und auf zwei Steinpfeilern, die gleichzeitig der Altargruppe einen würdevollen Rahmen geben.

An der Mauer führen innen Treppen auf einen in sie eingelassenen offenen Umgang, der, unverglast, im feuchtheißen Klima für eine dauernde Raumlüftung sorgt. In der Regenzeit kann die Windseite mit Holzklappen verschlossen werden.

Das Regenwasser wird über vier Strebepfeiler abgeleitet. Ein Arkadengang in Holzskelettbauweise setzt eine schützende Schale vor die Kirche.

Soziales Zentrum und Priesterseminar, in der Hauptachse angeordnet, umschließen zwei Atriumhöfe, die durch die Privatkapelle des Bischofs voneinander getrennt sind.

Der Bau sollte aus Feldbrandziegeln von einer Insel auf dem Kivusee hergestellt werden.

Für die Stadt Goma, die weitgehend aus improvisierten, selbstgebauten Flechtwerkhäusern und unansehnlicher, moderner Bebauung aus den Zwanziger Jahren besteht, hätte das Bauwerk Vorbildwirkung haben können, nicht nur wegen seiner formalen und auf das Klima bezogenen Qualitäten, sondern auch wegen der Möglichkeiten, ungeschulte Bauarbeiter aus der von hoher Arbeitslosigkeit betroffenen Bevölkerung einzusetzen. Für das Handwerk hätte es fördernd und bildend gewirkt.

Um die Größe und Raumwirkung des Baus abzuschätzen, wurden geschichtlich bedeutsame Kirchen in vergleichenden Skizzen studiert. Es war verblüffend zu sehen, daß Bauwerke wie die Hagia Sophia, Alt Sankt Peter, San Marco, San Stefano Rotondo oder die Konstantins Basilika nahezu dieselbe Flächengröße aufwiesen.

Links: Version 1, quadratischer Grundriß im Vergleich mit San Stefano Rotondo

Rechts: Version 2, Kreisförmiger Grundriß im Vergleich mit der Maxentius Basilika.

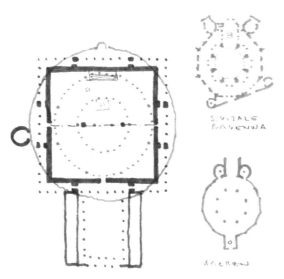

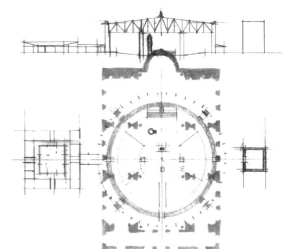

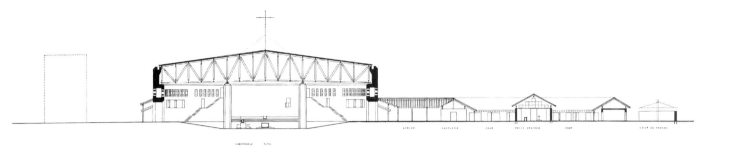

Längenschnitt.

Maßstab 1:1000

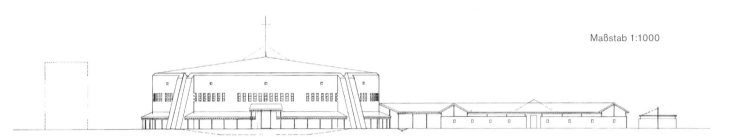

Ansicht.

Grundriß.

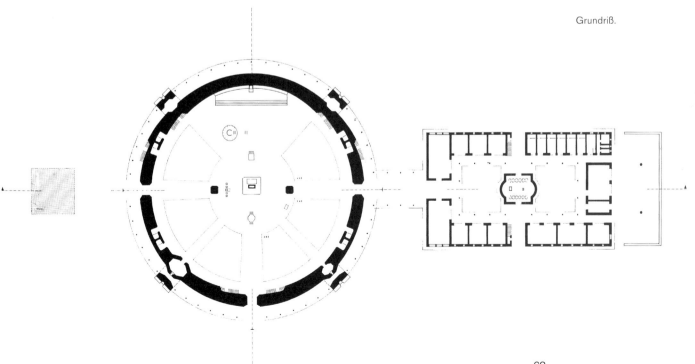

Pfarrkirche St. Willibrord

1968

Die Kirche liegt inmitten eines kleinen Hunsrück Dorfes bei Niederzerf, 30 km südöstlich von Trier.

Durch den pastoralen Zusammenschluß von drei Dörfern wurde in dem 1000 Seelenort eine Kirche mit 500 Sitzplätzen benötigt.

Die polygonale Form des Grundrisses ergibt sich aus den Grundstücksgrenzen. Der breitgelagerte Baukörper schließt dabei das Ortsbild zusammen und läßt einen Platz vor der Kirche entstehen, der durch den 1990 eingeweihten Turm eine klare Randbildung erhält.

In der Kirche stehen hinter dem Altar, der durch seine Stellung eine zentrale Bedeutung bekommt, die ergänzten Reste eines kleinen, gotischen Doppelchores der das Sakramentshaus enthält.

Dieser kleine Bau läßt den unregelmäßigen Raum mit seinen verschiedenen Bodenhöhen wie einen mittelalterlichen Marktplatz erscheinen, der mit langen Holzbindern und einer mittig sitzenden Glaslaterne für Versammlungen und Feste überdeckt wurde. Der schräg im Raum stehende fragmëntanische Bau durchschneidet die von Wänden und Dach angedeutete Richtung und läßt sie einer höheren Ordnung angehörend erscheinen.

Das reichgestaltete, tragende Ziegelsichtmauerwerk und die mit transparenten Onyxscheiben geschlossenen Fenster geben dem relativ niedrigen Raum eine feierliche Stimmung.

Die alten Kirchenbänke sind Provisorium, aus Ziegelsteinen gemauerte sind vorgesehen.

Der Campanile war ursprünglich niedriger geplant, um als Teil des Gebäudevolumens zu wirken. Seine Decke sollte offen sein. Wie im Pantheon in Rom hätte man dann beim Blick nach oben die Wirkung einer vollkommenen Ruhe erfahren können, die eintritt, wenn am Himmel vorüberziehende Wolken eine kaum wahrnehmbare und doch zu spürende Bewegung in die kreisrunde Öffnung bringen.

Ein ähnlicher Raumgedanké wurde im schiefen Turm zu Pisa verwirklicht.

Lageplan.
Maßstab 1:2000

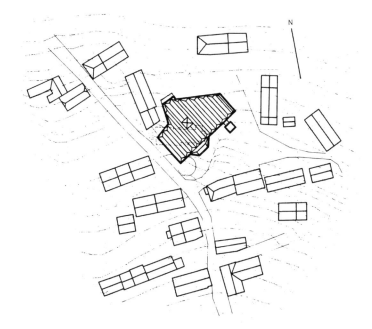

Modellfoto

Pfarrkirche St. Willibrord

Südseite mit Turm.

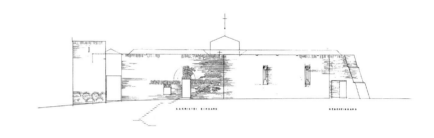

Ostseite.

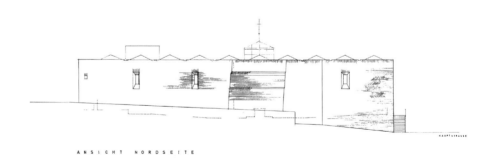

Nordseite.

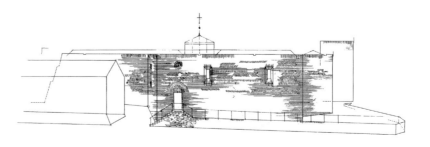

ANSICHT NORDSEITE

Westseite.

Mandern-Waldweiler

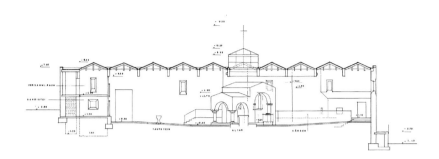

Schnitt B-B.

Maßstab 1:500

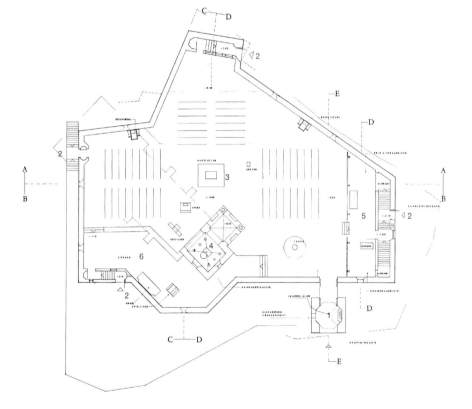

Grundriß.

1 Turm und Haupt-
  eingang
2 Nebeneingänge
3 Altar
4 Gotischer Doppelchor
  als Sakramentshaus
5 Sakristei
6 Sänger und Orgel

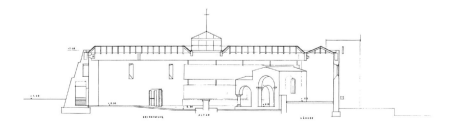

Schnitt D-D.

Pfarrkirche St. Willibrord

Südseite ohne Turm.

Westseite mit provisori-
schem Treppengeländer.

Ansicht Süd- und
Westseite.

Nordseite.

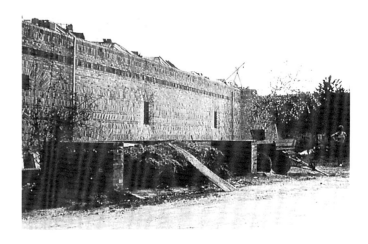

Pfarrkirche St. Willibrord

Dach mit Bleideckung und
Oberlichtkonstruktion.

Nebeneingang. Raum mit
provisorischem Gestühl.

Chor und Nebeneingang.

Altar und die Reste des
gotischen Doppelchores
mit Sakramentshaus.

Turm St. Willibrord

1987

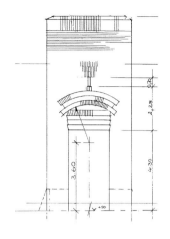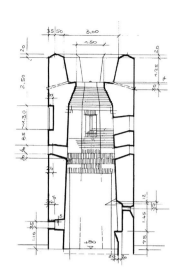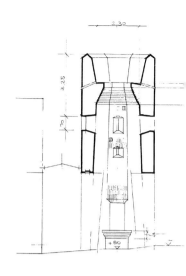

Erster Entwurf, 1972,
mit einem Raum, der zum
Himmel offen ist.

Grundriß. Maßstab 1:200

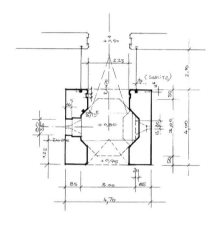

Skizzen 1987 mit abge-
deckten Turm.

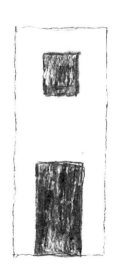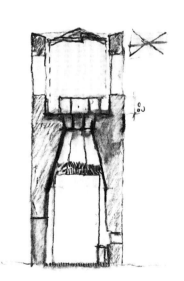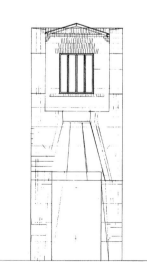

Mandern-Waldweiler

Schnitt A-A.

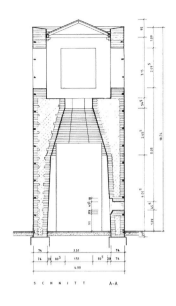

Schnitt B-B.

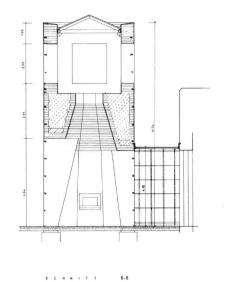

Grundriß Erdgeschoß

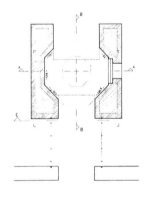

Grundriß Glockenstube.

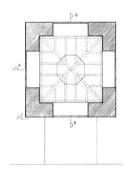

Eingangsansicht.

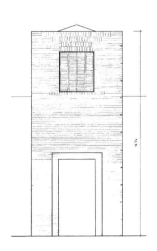

Seitenansicht mit Stahl-
Glas Zwischenbau.

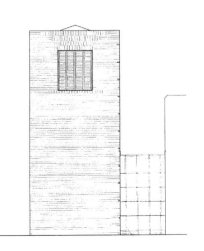

Haus Wilhelm Nagel

1968

Auf einem Eckgrundstück am Rande der Stadt in einem Gebiet mit Einfamilienhäusern liegt der Bau ein wenig von der Flucht der angrenzenden Häuser zurückgesetzt. Mit einer den Gartenhof umschließenden Mauer entsteht so die Andeutung eines Platzes und eines Straßenraumes.

Der einfache Baukörper des Giebelhauses mit breitem, bündigem Portikus läßt es wie eine anonyme römische oder den palladianischen zeitgleiche Villa erscheinen.

Die drei hintereinander, quer zur Mittelachse liegenden, tonnenüberwölbten Räume mit den vier gleichgroßen Eckzimmern bilden eine eindeutige Raumordnung aus, einen brauchbaren, aber nicht funktionsorientierten Grundriß. Um das Untergeschoß für eine Werkstatt benutzbar zu machen, ist das Erdgeschoß höher gelegt. Das gibt die Gelegenheit, die marmornen Baderäume, wie in einem antiken Haus, etwas tiefer zu legen und in sie hinabzusteigen. Durch die Höherlegung des Baukörpers erhält das Haus mit dem dreiteiligen Portikus vom Garten her eine erhabene Wirkung.

Der Garten sollte durch seitliche Pergolen architektonisch gefaßt und der Blick auf die Nische an der rückwärtigen Gartenmauer gerahmt werden.

Das Haus ist aus 50 cm starken, massiven Ziegelsteinmauern gebaut, die außen sichtbar gelassen sind und in ihrem Verband die Öffnungen und Baukörperkanten im Sinne der klassischen Bauformen reliefartig andeuten und in Schattenlinien ausbilden

Die Pfeiler der Loggia sind aus alten Feldbrandsteinen geschnitten, die dadurch farbig differenziert werden. Innen sind die Ziegelmauern mit Kalk weiß geschlämmt oder verputzt. Der Fußbodenbelag aus feuerfesten Platten für Fabrikbauten wirkt durch einen ornamentalen Rand aus Marmor sehr kostbar.

Lageplan.
Maßstab 1:1000

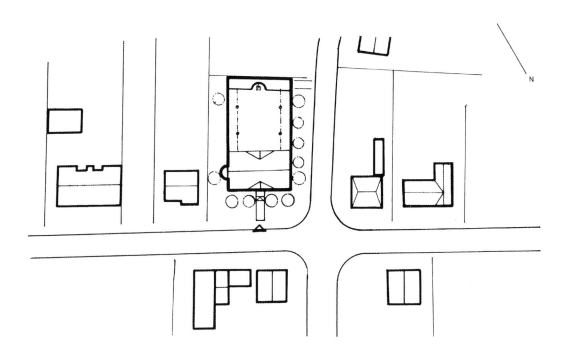

Ansicht Südwest Garten-
seite.

Haus Wilhelm Nagel

Schnitt.

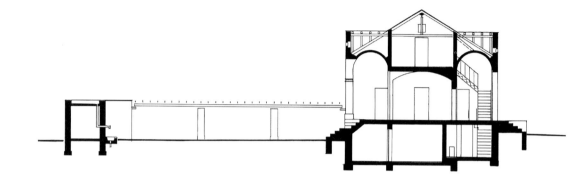

Maßstab 1:200

Grundriß Erdgeschoß.

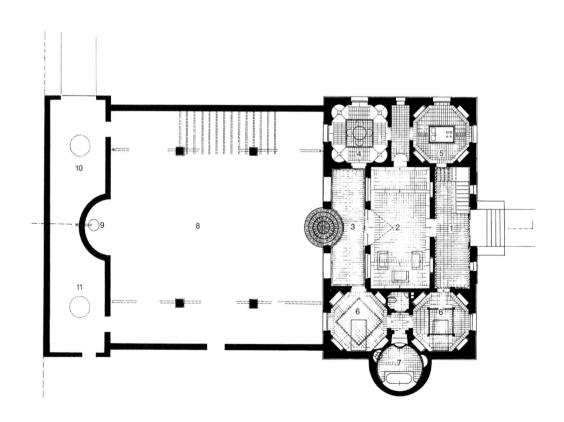

Erdgeschoß

 1 Eingangshalle
 2 Wohn raum
 3 Gartenhalle
 4 Eßzimmer
 5 Küche
 6 Schlafraum
 7 Badezimmer
 8 Gartenhof mit nicht
   ausgeführtem
   Laubengang
 9 Brunnen zur Dach-
   entwässerung
10 Garage
11 Geräte

Kellergeschoß

12 Diele
13 Goldschmiede
14 Lager
15 Vorräte
16 Hausarbeitsraum
17 Umkleide
18 Dusche
19 Sauna

Dachgeschoß

20 Diele
21 Arbeitsraum
22 Gästezimmer
23 Abstellraum
24 Gewölbeaufsicht

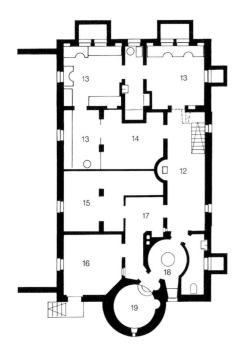

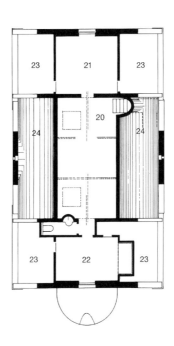

Grundriß Keller- und
Dachgeschoß.

Eingangshalle.

Wohnzimmer.

Loggia.

Straßenseite.

Pfeiler der Loggia.

Gartentreppe und Portikus.

Treppe zum Garten.

Haus Wilhelm Nagel

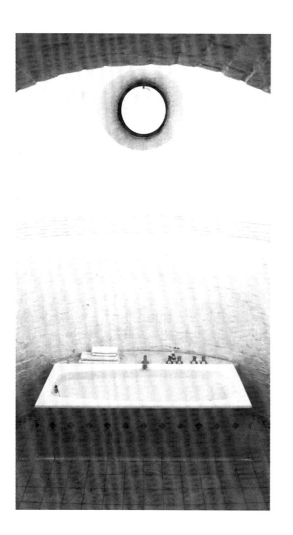

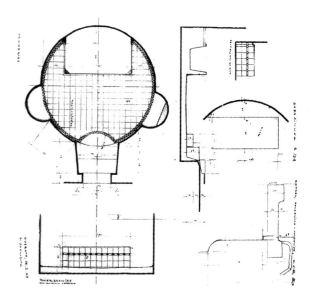

Werkplan. Grundriß und
Schnitt zum Badezimmer.

Badezimmer Erdgeschoß.

Friedhofskapelle Frielingsdorf

1970

Kapelle und Nebenräume sind um einen quadratischen Hof geordnet, der wie beim antiken Atrium ein umlaufendes, nach innen geneigtes Pultdach auf vier Pfeilern hat. Davon ist bisher nur eine Hälfte gebaut.

Die nach außen geschlossenen Mauern bestehen aus Bruchstein von Grauwacke mit Ziegelstreifen in bündiger Verfügung.

Die Wände der Kapelle haben innen schmückende Bänder, Wellen und Rosetten in einem Plattenformat der Grauwackesteine.

Die Fensterumrahmungen sind in Backstein gemauert und steinmetzmäßig bearbeitet. Das Dach der Kapelle ruht auf Leimbindern als Sparren, die durch Zugbänder unterspannt werden.

Alle Ausstattungen, wie die verbretterten Türen, der Zementfußboden, die Industriewaschbekken, usw. zeigen extrem einfache Mittel.

Das kraftvolle, farbige Mauerwerk, das mit einem dunklen Schieferdach überdeckt ist, setzt die Meisterschaft fort, die Dominikus Böhm mit dem Kirchenbau der Gemeinde im Jahre 1926 begonnen hatte.

Quer- und Längsschnitte.

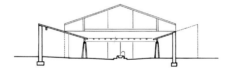
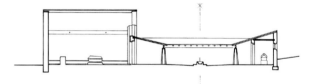

Maßstab 1:500

Grundriß der gesamten Anlage.

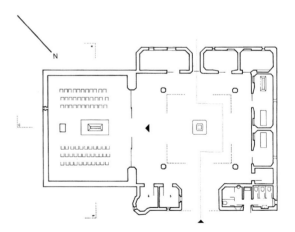

Ansichten.

Innenansicht des Giebels.
Das Mauerwerk besteht
aus Bruchstein von Grau-
wacke und Ziegelstein-
streifen mit bündiger Verfugung.

Haus Pahde

1972

Das Haus ist Teil einer eingeschossigen Reihenbebauung. Die geschlossene Bauweise ermöglichte einen leidlich wirkenden Straßenraum, der aber eigentlich zu weit ist.

Von 350 qm Grundstücksfläche sind 260 qm bebaut. Die gewählte Atriumform gestattet eine hohe Ausnutzung der Fläche.

In das zentrale Rechteck sind vier konisch zulaufende Backsteinpfeiler gestellt. Sie stützen einen kräftigen, umlaufenden Balken, auf dem die zum Atrium hin geneigten Pultdächer liegen.

Das massive Ziegelsteinmauerwerk ist außen wie innen sichtbar. Es bestimmt die ruhige, geschlossene Raumwirkung.

Der Fußboden besteht aus einem Ziegelsplitt-Estrich, der durch kleine quadratische, weiße Marmorsteinchen belebt wird. Zwischen die sichtbaren, tragenden Sparren sind ziegeltonfarbene Hourdisplatten gelegt, so daß alle raumbildenen Bauteile im Material gleichartig sind.

Das Atrium ist heute eingewachsen und hat etwas von seiner Strenge verloren. Die vier Pfeiler und die Steinskulptur am Innenhof, die innen eine Sitznische bildet und außen ein Brunnen für die Dachentwässerung ist, sind handwerkliche Kunststücke aus Ziegelsteinen.

Für die Fußböden in Küche und Badezimmer sind Bodenplatten des 19. Jahrhunderts aus Abbruchmaterial verwendet worden.

Lageplan.
Maßstab 1:1000

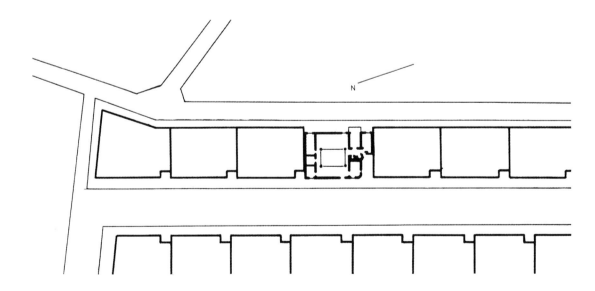

84

Straßenfassade nach
Südwesten und Vorhof mit
Klausenturm.

Haus Pahde

Schnitt.

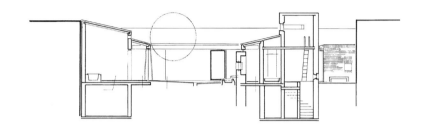

Maßstab 1:250

Grundriß Erdgeschoß.

1 Eingangsraum
2 Wohnzimmer
3 Atrium
4 Badezimmer
5 Schlafzimmer
6 Küche
7 Dusche
8 Treppe zum Keller
  und Leiter zur Klause.

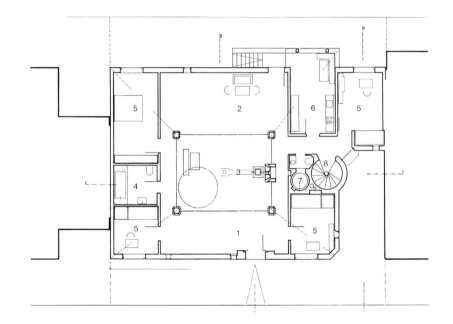

Ansicht Straßenseite.

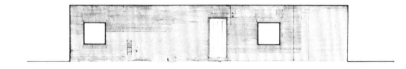

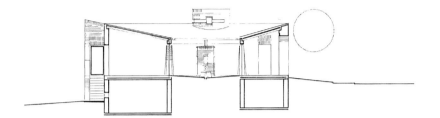

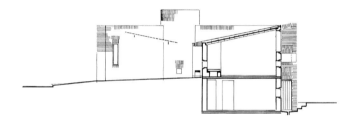

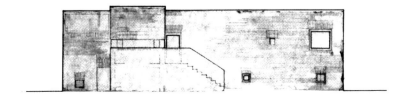

Köln-Rodenkirchen

Schnitt.

Schnitt durch Vorhof und
Kinderzimmer.

Ansicht Gartenseite nach
Südosten.

87

Haus Pahde

Backsteinpfeiler und
Atrium mit Blick auf die
Klause

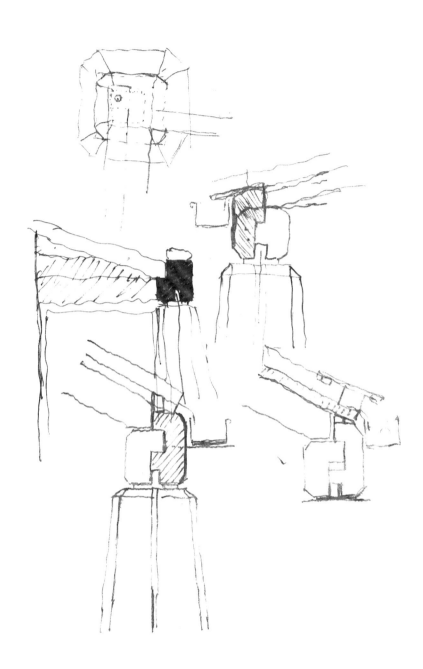

Skizzen zum umlaufenden
Balken mit Dachanschluß
und Backsteinpfeiler.

Zugewachsenes Atrium
und Oberlicht über dem
Badezimmer.

Haus Pahde

Wohnraum mit Ziegelsplitt
– Terrazzoboden und
Marmormosaik.

Rechte Seite: Garten-
fassade mit Blick Rich-
tung Küchenerker und
Küche innen.

Pfarrkirche St. Bonifatius

1974

Die Kirche steht im Blickpunkt zweier, sich kreuzender Straßen. Zwischen ihr und dem geplanten Jugendheim wird ein Platz entstehen, der durch das dahinterliegende Pfarrhaus optisch abgeschlossen ist.

Der Grundriß des Kirchenraumes ist ein leicht gestrecktes Achteck, das in seiner Form den Zentralraum ein wenig richtet und nicht stumpf wirken läßt. Darüber breitet sich als eigene konstruktive Einheit auf je drei Stützpfeilern an den Giebelseiten das in seiner Grundform rechteckige, große Satteldach. Aus der abgeschleppten Dachfläche der Kirche, welche die vorgelagerte Sakristei überdeckt, ragt der ro-

manisch blockhafte Glockenturm auf. Die Mauern wurden in Grauwacke nach römischem Vorbild zweischalig um einen Mörtelkern ausgeführt. Lagen schräggestellter, plattenförmiger Struktur wechseln mit ungleich großen, im Verband gemauerten Steinen ab. Die Mauer ist bündig verfugt.

Gebäudeecken, Tür- und Fenstereinfassungen sind durch größerformatige, steinmetzmäßig bearbeitete Steine betont. Die mächtigen Pfeiler sind in Ziegelsteinen gemauert.

Der 2 m hohe Firstbalken, die Pfetten und die Sparrenbinder sind geleimte Hölzer und harmonieren farblich zu Grauwacke und Ziegeln.

Lageplan.
Maßstab 1:2000

1 Kirche
2 Pfarrhaus
3 Jugendheim
  (nicht gebaut)

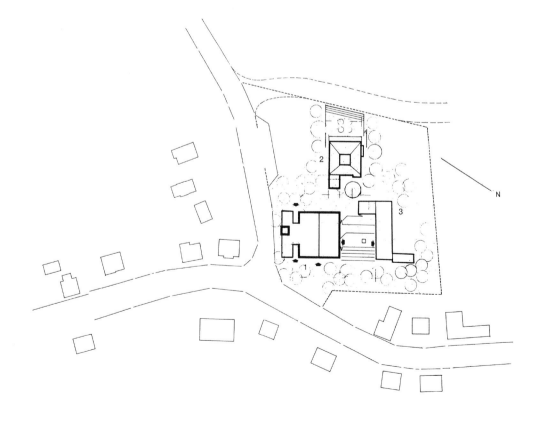

Hauptzugang und Ansicht
der Kirche.

Pfarrkirche St. Bonifatius

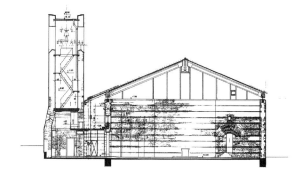

Schnitt durch den Turm
und die Marienkapelle.

Maßstab 1:500

Grundriß.

1 Eingang
2 Altar
3 Tabernakel
4 Orgel und Sänger
5 Werktagskapelle
6 Marienkapelle
7 Sakristei und
  Priestersakristei
8 Betnische

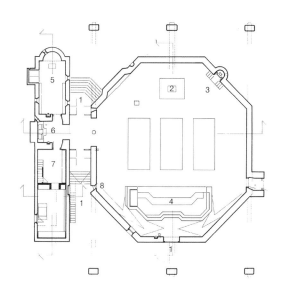

Der Boden der Kirche
liegt 1 m tiefer gegenüber
dem Eingangsniveau.

Schnitt mit Blick auf den
Chor.

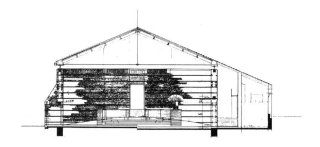

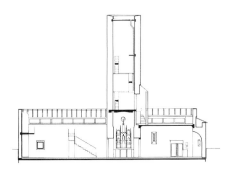
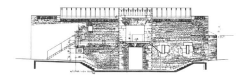

Links: Quer- und
Längsschnitt durch die
Sakristei.
Am Fuß des Turmes
Marienaltar der Vorgänge-
kirche.

Oben: Schnitt durch den
Zwischenbau.

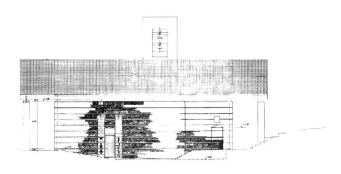

Ansicht von Nordwesten.

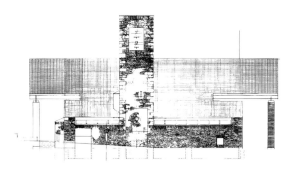

Ansicht von Südosten.

95

Pfarrkirche St. Bonifatius

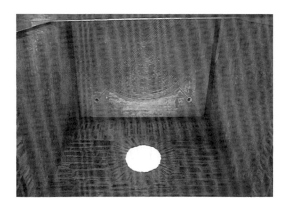

Ansicht des Turmes und
Decke der Marienkapelle
im Turm

Seiteneingang und Detail
des Mauerwerks der
Kirchenwand.

Tabernakelnische und
Innenraum. Das Mauer-
werk besteht aus Bruch-
stein von Grauwacke und
Ziegelsteinstreifen in
bündiger Verfugung.

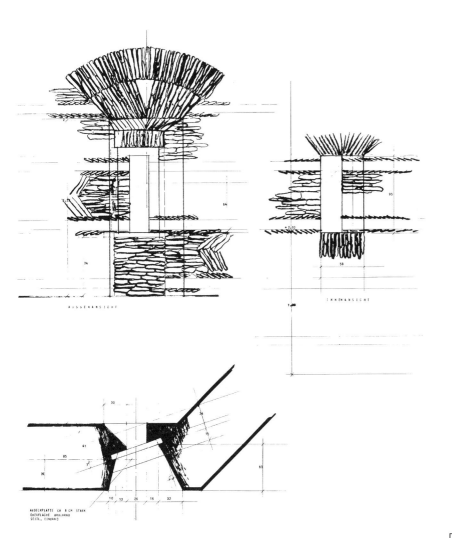

Detailzeichnungen und
Außenseite der Betnische.

Haus Klöcker

1975

Das Haus am Ende des Ortes ist an den Berg-hang mit einem großen, abgeschleppten Dach gedrückt. Ein Garagenanbau mit Pultdach, ein Glaserker und ein Zwischenraum sollen eine ländlich malerische Wirkung hinzufügen.

Der Wandbehang aus roten Dachziegeln führt die Tradition der verschieferten Fachwerkwände im Bergischen Land mit anderem Material fort.

Der Grundriß zeigt eine Mittelflurhalle. Stufen führen aus der Eingangsdiele in den um 1,60 m tiefer liegenden Wohn raum. Ein schmaler, begleitender Flur verbindet galerieartig den vor-geschobenen Eßplatz-Erker mit dem Treppen-

vorplatz. Die Zimmer sind seitlich an die Trep-penhalle angehängt.

Die tragenden Mauern bestehen aus Schwerbe-ton-Hohlblocksteinen. Der Ziegelbehang auf Lattung und Konterlattung schützt die Wärme-dämmung.

Alle in den Innenräumen sichtbaren Mauerteile sind mit einem 5 mm dicken Kalkputz überzo-gen, der das Fugenbild noch erlebbar sein läßt. Auf den noch nicht abgebundenen Putz wird eine Schlämme aus Kalk und Marmorstaub dünn aufgetragen und mit dem Glätter angedrückt, so daß ein leichter Glanz entsteht.

Straßenansicht und
Vorplatz.

Haus Klöcker

Ansicht vom Garten.

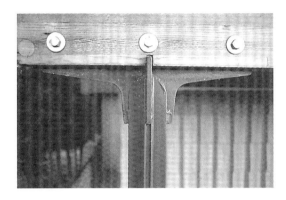

Stützendetail der Vor-
dächer.

Küchenhof und Erker am
Eßraum.

Haus Klöcker

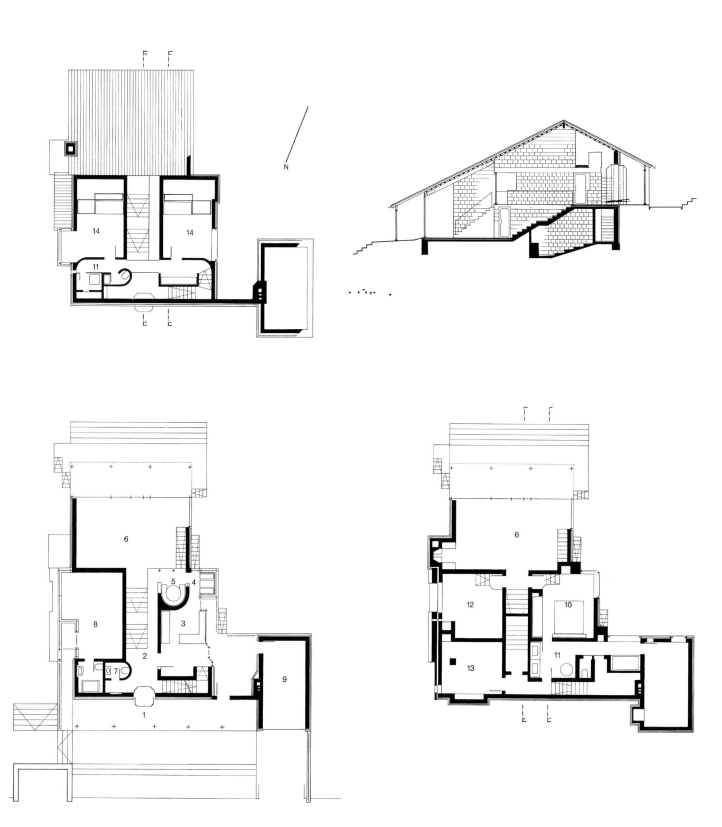

Obergeschoß   Schnitt.

11 Badezimmer
14 Kinderzimmer

Maßstab 1:250

Erdgeschoß   Untergeschoß

1 Eingang   10 Elternzimmer
2 Treppenhalle.   11 Bad
3 Küche   12 Arbeitsraum
4 Eßerker   13 Kellerraum
5 Eßnische
6 Wohnraum
7 WC
8 Einliegerwohung
9 Garage

Flurhalle.

Haus Stein

1976

Die Umgestaltung eines Kataloghauses aus Stahlfachwerk vom Beginn des Jahrhunderts und eines Gartenhofes zu einer Raumfolge zeigt die Kunst, einen öden, nichtssagenden Ort in eine menschliche Umgebung zu verwandeln.

Mittelpunkt der Komposition ist der ovale Hof mit nach innen geneigtem Pultdach, der die zueinander geknickten Achsen des Hauses und des Gartens verknüpft. Die ovale Kurve ändert unmerklich die Richtung des Hauses. Der in die Hofmauer eingebaute Pavillon schafft eine räumlich-plastische Schwelle vom Hof zum Garten und ist Ausgangspunkt wie Rahmen für eine inszenierte Fernwirkung, die durch zwei Reihen Koniferen betont wird und an einer kleinen Venusfigur im Hintergrund den Blick enden läßt. Inzwischen wurde der Garten geteilt, und eine Mauer mit Konche ist nun Endpunkt der Achse.

Die Hofmauern sind in der Technik des römischen Mauerwerkes zweischalig ausgebildet. Holländische Pflasterklinker wurden in der Mitte geteilt und mit dazwischenliegender Mörtelfüllung in diagonalem Muster vermauert.

Für das bestehende Haus wurde in verschiedenen Varianten versucht, den durch Wände extrem aufgesplitterten Raum mittels halboffenen, kreisrunden oder ovalen Zellen zusammenzufassen und zu gliedern. Als Nutzung stand eine Kunstgalerie zur Diskussion.

Den Raummodul bildete der runde Erker, der durch Ausmauern verkleinert wurde, um den übrigen Raum im Kontrast größer erscheinen zu lassen. Der eliptische Hof, der ursprünglich nicht vorgesehen war, entstand als gestalterische Fortsetzung des Zellenmotives der Innenräume.

Der entgültige Entwurf wurde vereinfacht. An eine Wohnhalle schließen sich nun Bibliothek, Eßraum und Küche an sowie ein Badezimmer, das nach außen zur Halle hin als Skelettkonstruktion aus schwarzgefärbtem Holz mit dazwischengestellten Marmortafeln erscheint. Der Kontrast zwischen der gußeisernen, rotgestrichenen Badewanne in einer Halterung aus Rundstahl und den gesägten, edel wirkenden Marmorplatten wirkt trotz der scheinbaren Unvereinbarkeit ausgewogen. Der übliche Harmoniebegriff wird so erweitert. Dazu tragen auch die mit Marmormehl versetzten Kalkputze bei, die in der Wohnhalle und den Zimmern ein Gefühl der Ruhe wie der Lebendigkeit vermitteln.

Gartenhof und Pavillon.

Haus Stein

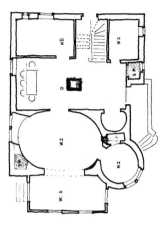 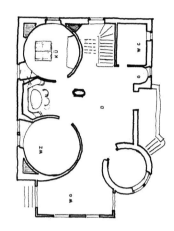 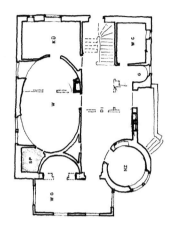

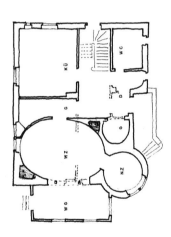 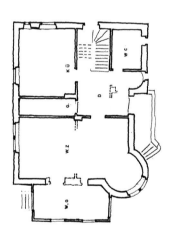 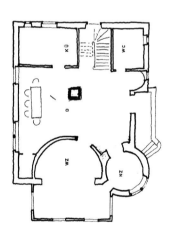

6 Vorentwürfe zur Änderung des Grundrisses.

Maßstab 1:250.

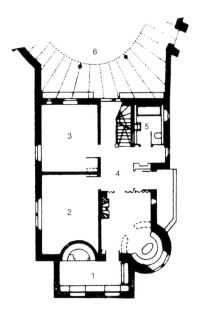

Grundriß Erdgeschoß.
Maßstab 1:250.

1 Bibliothek
2 Eßzimmer
3 Küche
4 Diele
5 Badezimmer
6 Hof
7 Brunne
8 Pavillon

Plan der Außenlage.
Maßstab 1:500.

Haus Stein

Links: Blick vom Pavillon
in den Garten.

Oben: Gekrümmte Hof-
mauer im zweischaligem
Mauerwerk.
Pavillon Blick vom Garten.

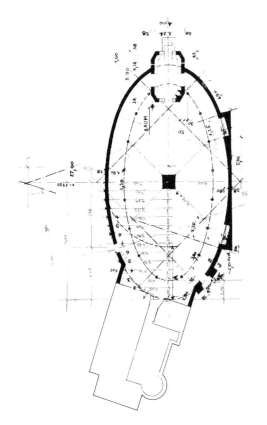

Zeichnung: Grundriß
Konstruktion des ovalen
Hofes.

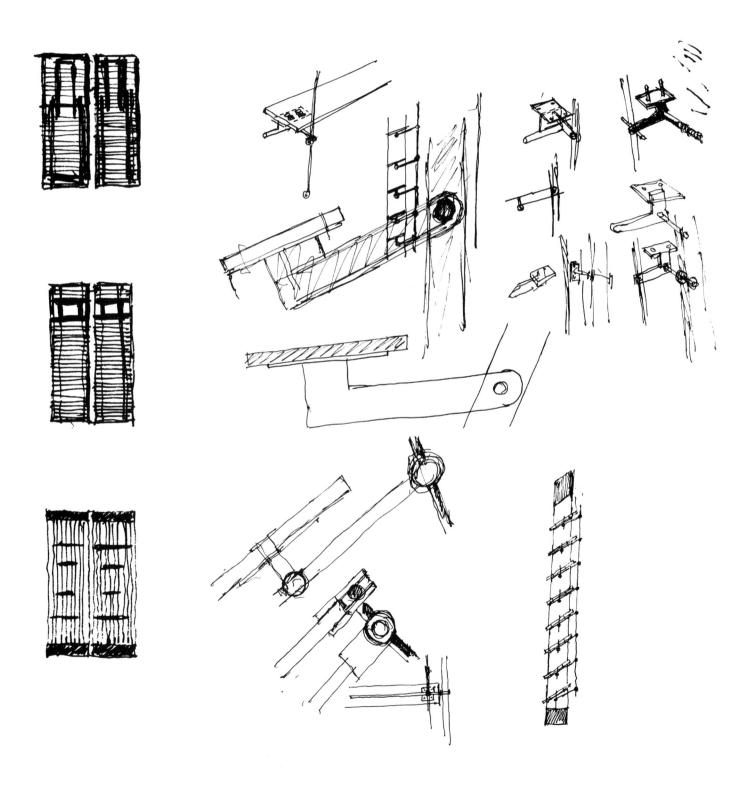

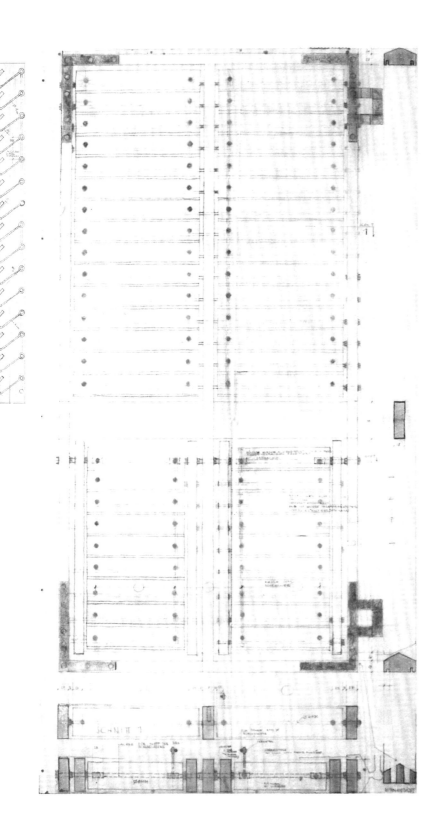

Links: Skizzen zum
Fensterladen.
Konstruktionszeichnung
der Verstellmechanik.

Oben: Ausschnitt Fenster-
laden am Wohnhaus.

Haus Stein

Badezimmer im Erdge-
schoß.

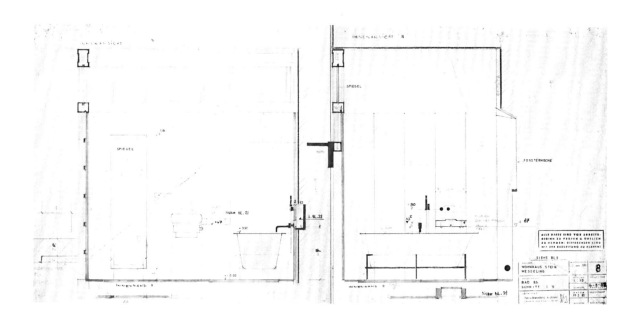

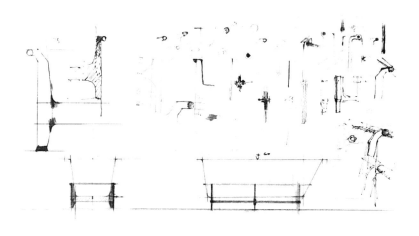

Oben: Skizze des Bade-
wannengestell.

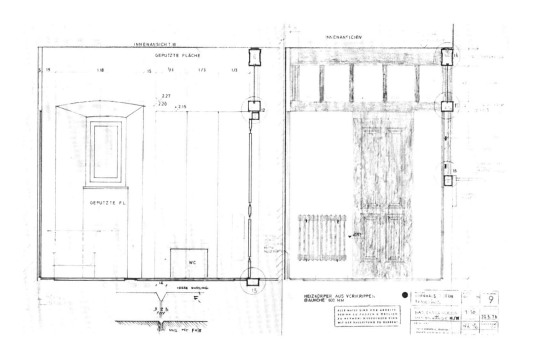

Links: Wandabwickelung
Badezimmer. Gezeichnet
im Maßstab 1:10.

Haus Stein

Diele mit Blick auf das
Badezimmer

Erker in der Diele mit den
alten Fenstern.

Sitznische im Bibliotheks-
zimmer.

Haus Schütte

1978

Eine ruhige, geschlossene Ziegelmauer ist das Gegenbild zu dem Potpourri freistehender Einzelhäuser ohne jeglichen räumlichen Zusammenhalt in einem Neubaugelände.

Hinter dieser Mauer entwickelt sich das Haus auf der 800 qm großen Grundstücksfläche mit Wegen und Innenhöfen in abwechslungsreicher Lichtführung wie ein Stadtorganismus im Kleinen und findet seine Mitte in einer, gegenüber der Straße um 60 cm abgesenkten Wohnhalle und einem Garten, der ebenfalls ringsum von einer 2,40 m hohen Mauer umgeben ist.

Die querliegende Eingangsdiele wirkt wie ein Platz, von dem Kinder-, Gästezimmer und Bäder in verschiedenen Ebenen zugänglich sind. Ein um 2 m tiefer liegender Innenhof trennt diesen Kinderteil von dem Elternhaus und ermöglicht,

abgesehen von der großzügigen Raumwirkung, eine Wohnnutzung für das Kellergeschoß.

Der Mittelflur vom Eingang bis zur zweigeschossigen Wohnhalle gliedert den Grundriß eindeutig und sorgt für Orientierung. Auf der einen Seite liegen Küche und Küchenhof, auf der anderen der Eßraum und ein kreisrundes Kaminzimmer.

Das wechselnde Licht, der Ausblick in den Hof und die Treppe in die tieferliegende Wohnhalle geben diesem Flur das Gefühl einer abwechslungsreichen Straße.

Wie ein Zelt auf dünnen Stahlstützen überdeckt das sichtbare, aufgedoppelte Sparrendach die Wohnhalle, die im Kontrast zu den blockhaften Backsteinmauern an drei Seiten völlig verglast ist.

Lageplan.
Maßstab 1:1000

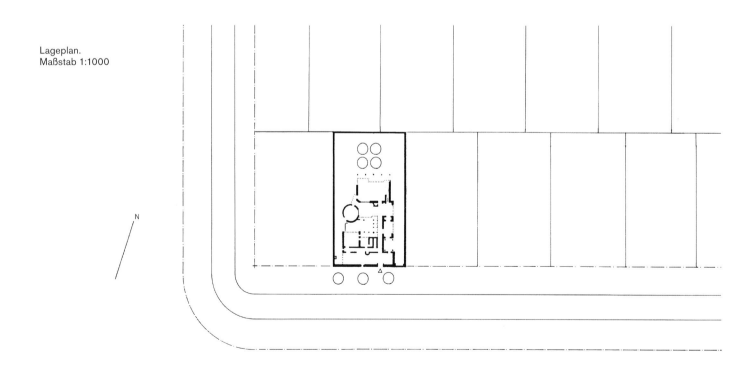

Ansicht der Straßen-
fassade.

Haus Schütte

Schnitt 2-2 durch Bad und
Kinderzimmer.

Maßstab 1:250

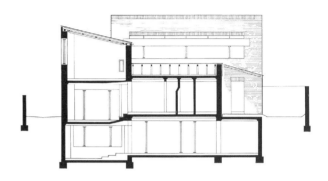

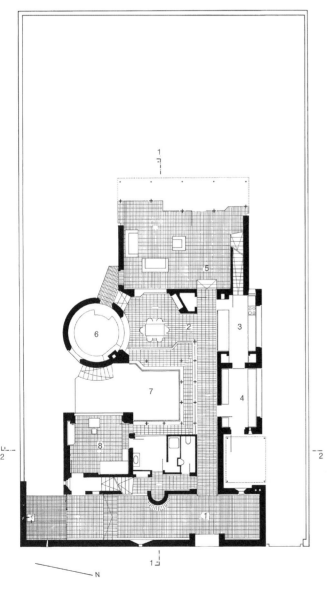

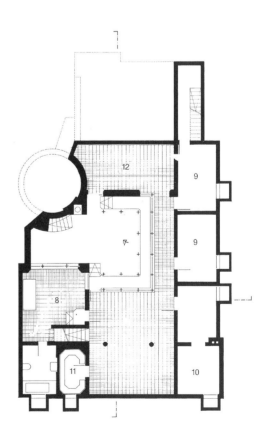

Köln-Müngersdorf

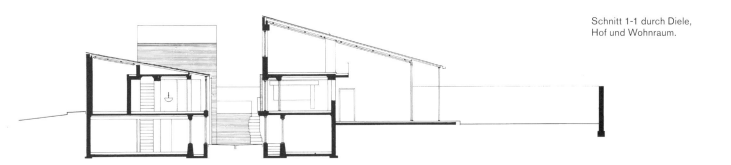

Schnitt 1-1 durch Diele,
Hof und Wohnraum.

Erdgeschoß

1 Halle
2 Eßzimmer
3 Küche
4 Hauswirtschaftsraum
5 Wohnraum
6 Kaminzimmer
7 Hof
8 Kinderzimmer

Kellergeschoß

 9 Kellerraum
10 Technik
11 Speisezimmer
12 Arbeitsraum

Obergeschoß

13 Elternzimmer mit Bad
14 Terrasse

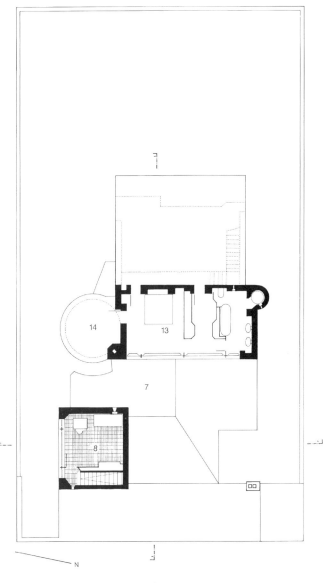

Haus Schütte

Eingangstür

Flur, Blick in Richtung
Eingangstür.

Wohnraum

Blick auf Glasfassade des
Wohnraums vom Garten.

Haus Schütte

Links: Innenhof.

Rechts: Ansicht Südseite
mit Kaminzimmerrotunde
und Verbindungsgang zum
Wohnraum.

Innenhof. Blick vom
Eßzimmer.

Brunnen und Dach-
entwässerung.

Haus Schütte

Treppe im Wohnraum und
Detailzeichnung des
Treppenpfostens.

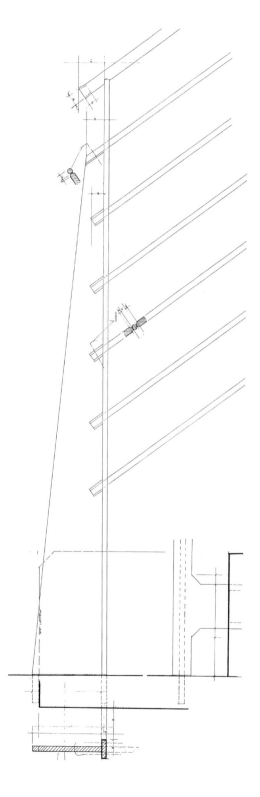

Konstruktionszeichnung
der Backsteinmauern im
Kaminraum.

Eßraum.

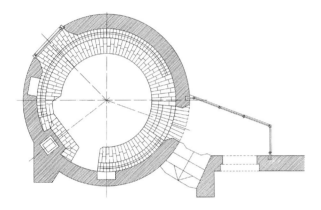

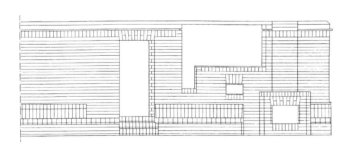

Maßstab 1:100

Kaminzimmer.

Museum Ludwig

1979

Für die Lage des Museums in einem Park mit reichem Baumbestand wurden drei räumliche Situationen miteinander verknüpft, die für das vielfältige Raumprogramm ein künstlerisches Erlebnis vermitteln, ohne daß einer der vorhandenen Bäume hätte gefällt werden müssen.

In dem freien Gelände über der Tiefgarage liegt ein mehrschaliger, kreisförmiger Zentralbau. Eingang und Foyer bilden eine äußere Schale um Bibliothek und Lesesaal als kreisrunden Raum. In einer weiteren Schale und kreuzförmig anschließenden Sälen sind die mittelalterlichen Sammlungen untergebracht. Aus der Mittelachse führt in weitem Bogen zwischen dichten Baumgruppen ein überdeckter Weg, der an seiner konkaven Seite völlig verglast ist und moderne Kunst enthält, und an dessen konvexer Peripherie sich schatzhausartig kleinere, geschlossene Räume für die Kunstwerke des 16. bis 18. Jahrhunderts reihen.

Der Weg, der Orientierungshilfe ist, mündet in einen abgesenkten Bau, der Theater-, Vortragssaal und Nebenräume enthält.

Ein bomarzzianischer Lustgarten aus Erdformationen schließt das architektonische Ensemble ab. Ihm steht vor dem Zentralbau auf dem Vorplatz eine Budenstadt für die juryfreien Künstler gegenüber.

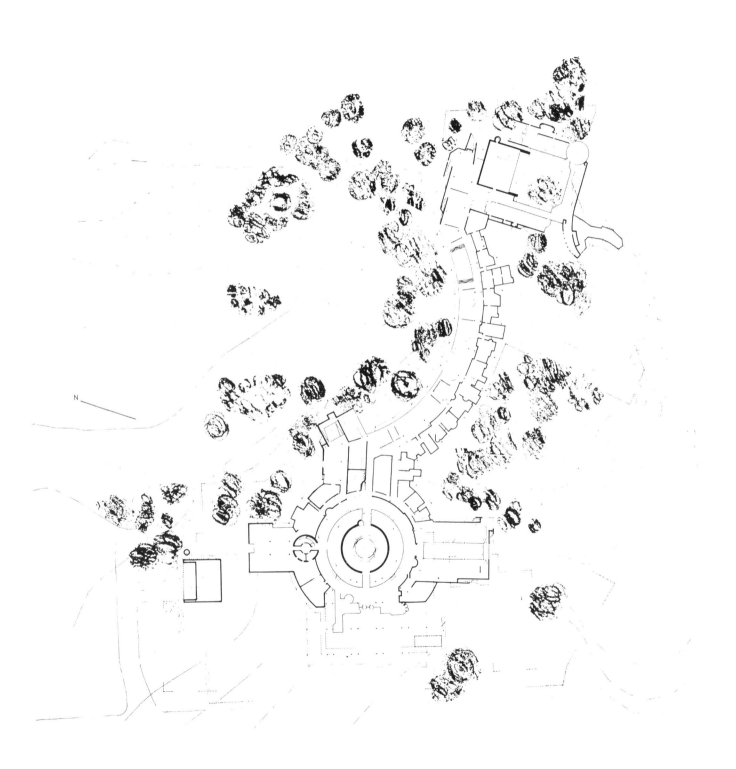

Opera de la Bastille

1983

Die neue Oper wird in die Stadt integriert, und eingebaut zwischen die Wohnhäuser der Umgebung wie eine mittelalterliche Kirche. Der große Quader mit dem Eingang und den Räumen der Probebühne darüber schließt den Platz und nimmt die Straßenfluchten auf. Er bildet das Gegenstück zum Revolutionsdenkmal, das in der Mitte des Place de la Bastille steht.

Die anschließenden Straßen bleiben ohne Überbauungen, und die Baukörper der Oper schliessen terrassenförmig an die Wohnhäuser an. Die Ecke der Rue de Charenton wird durch ergänzende Wohnhäuser geschlossen.

Zwei große Treppenläufe führen auf das Dach der Oper, wo ein Freilichttheater auf die Weite des Platzes ausgerichtet den öffentlichen Charakter des Bauwerkes unterstreicht.

Die Experimentierbühne an der Rue de Lyon ist zurückgesetzt und schafft einen kleinen Platz zusammen mit dem Eingang, der auf das Quartier Revilly räumlich ausgerichtet ist. Die gesamte Erdgeschoßebene ist in allen Richtungen offen und als 8 m hohe Halle ausgebildet. Sie schließt direkt an den kreisrunden Place de la Bastille an.

Um die Verschiebung der riesigen Bühnenbilder für den Publikumsverkehr störungsfrei zu ermöglichen, wurden die Transportwege über, bzw. unter dieser Halle angelegt. Andererseits soll die großartige Wirkung der farbigen, monumentalen Kulissenbilder ausgenutzt werden. Dafür sind die riesigen Aufzüge in Glas gedacht, so daß man im Vorübergehen die Bilder sehen kann.

Massive Sandsteinpfeiler gliedern den Hallenraum und markieren Platzfolgen, begleitet von Wänden und Decken aus farbigen Stucco Lucido Putzen.

An dem Halbrund der Bühne vorbei führen Treppen in das Foyer, das als mehrgeschossige Halle durch Umgänge gegliedert ist. An die Arena des Saales schließen zurückgestufte Ränge an mit aneinandergereihten Logen, ähnlich den barocken Theatern.

Auf dem Dach liegen neben dem Freilichttheater, die Experimentierbühne, Studios, Verwaltung, Werkstätten usw.

Alle Bauteile sind außen in Kalksteinquadern ausgeführt. Nur der große, geschlossene Würfel zum Platz hin sollte mit einem Mosaik aus vergoldeten Tonplättchen verkleidet werden. Dieser glänzende Goldkörper hätte den massiven Bauten etwas theaterhaft Immaterielles entgegengesetzt, das durch türkisgrüne und violettfarbige, laufende Neonschrift überhöht worden wäre.

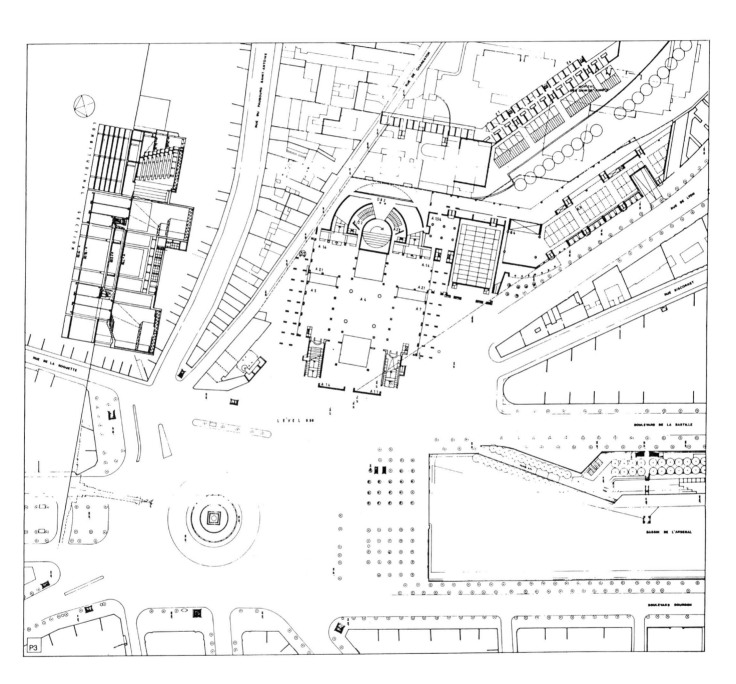

Grundriß Erdgeschoß und
Längenschnitt durch den
Bühnenraum.

Opera de la Bastille

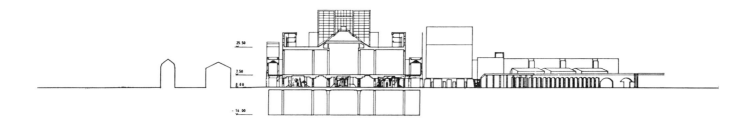

Querschnitt durch den
Bühnenraum und Ansicht
der Nebengebäude in der
Rue de Lyon.

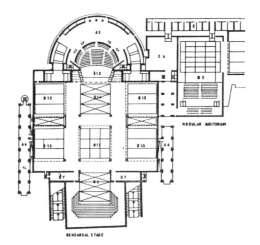

Grundriß Obergeschoß.

Ansicht vom Place de la
Bastille.

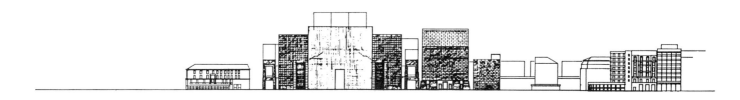

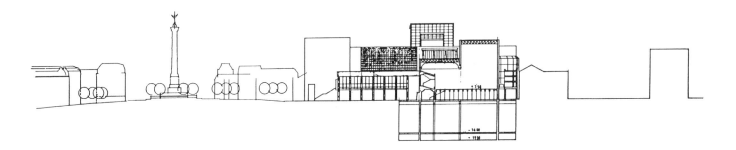

Längenschnitt durch die
Werkstattbühne.

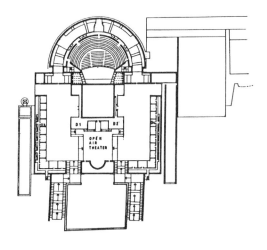

Grundriß Obergeschoß
mit Freilichtbühne.

Ansicht von der Rue de
Charenton.

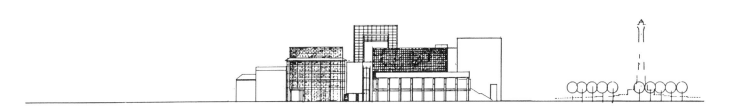

Haus Reich-Specht

1983

Das Haus liegt am Rande der Stadt Arnsberg abseits der Verkehrsstraße am Fuße eines bewaldeten Höhenrückens, an einer Seite von einem Bach begrenzt.

Das vorhandene Wohnhaus war ein dänisches Fertighaus aus dem Jahre 1958. Das Dachgeschoß wurde entfernt und in ein Obergeschoß mit einem schmalen und flachen Giebel und einer vorgelagerten Terrasse umgewandelt. Das Ergeschoß erhielt durch einen Mittelflur eine neue Ordnung. Der Außenputz wurde durch eine Backsteinmauerschale ersetzt.

Ein Glashaus, das ursprünglich als Orangerie gedacht war, wurde an das Wohnhaus angefügt.

Abgeschlossen wird der geplante Hof durch eine noch nicht ausgeführte Mauer mit verglaster Galerie und einem, nach außen angesetzten, geschlossenen Bibliotheksturm.

Das Glashaus steht als Mittelpunkt der Anlage im Schnitt zweier Achsen. Die Längsachse des Glashauses erhält außerhalb der Mauer einen Endpunkt durch einen Brunnen, die Querachse führt durch das Haus zum Bach. Zusammen mit den Mauern entsteht ein stufenweiser Übergang vom Bau zur Natur.

Die Stahlkonstruktion des Glashauses verwendet zwei Prinzipien für die Darstellung der Lastverteilungen im Gefüge: horizontale Übergänge sind als Überlagerungen ausgebildet, vertikale durch Hinzufügen weiterer T-Profile, welche die horizontalen Glieder durchdringen. Die einzelnen Bauteile sind durch Verschrauben zusammengefügt.

Beim Stützenkopf ist zwischen dem horizontalen Träger und der vertikalen Stütze ein drittes Element eingesetzt, das mit einer Platte und einer Kreuzstütze die Nahtstelle trennt und mit der Schattenbildung die Negativform eines Kapitells sein könnte.

Grundriß.
Maßstab 1:500

1 Eingang
2 Glashaus
3 Vorhandenes
  Wohnhaus umgebaut
4 Verglaste Galerie
5 Bibliotheksturm
6 Hof
7 Nymphäum

134

Ansicht von Südosten.

Haus Reich-Specht

Ansicht der Südostseite.

Skizzen Vorentwurf.
Maßstab 1:250

Ansicht von Nordwesten.

Arnsberg

Ansicht der Nordostseite.

Ansicht von Südwesten
mit Bibliotheksturm.

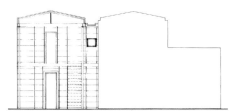

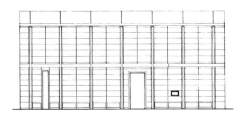

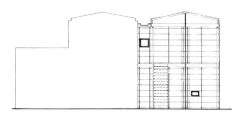

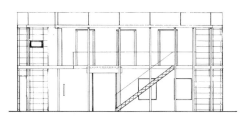

Glashalle im Rohbau.

Schnitte Glashalle.
Maßstab 1:250

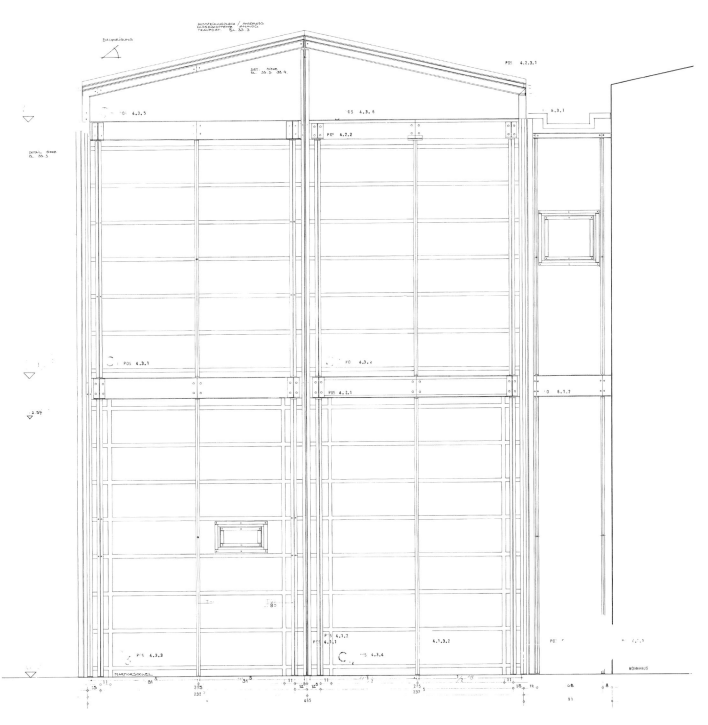

Konstruktionszeichnung
des Südostgiebels
Glashalle.

Haus Reich-Specht

Galerie in der Glashalle.
Marmorscheiben als
Brüstung.

Detail Südostgiebel.

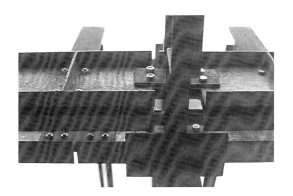

Deckendetail Galerie-
geschoß.

Innenansicht der
Dachkonstruktion.

Haus Bähre

1984

Das Haus liegt in einem kleinen Ort zwischen Hildesheim und Hannover. Das halbwegs intakte Ortsbild um das Baugrundstück mit Wohnhäusern, Scheunen, schönem Baumbestand und einer Baumgruppe mit Gedenkkreuz an der Straßenkreuzung bestimmte den Entwurf des schmalen, langgestreckten Giebelhauses, das mit einem Querbau die Häusergruppe abschließt und den Straßenraum definiert.

Ein noch zu erstellendes, pavillonartiges Eßzimmer grenzt den privaten Gartenbereich ein, und vollendet den Raumgedanken.

Der Ziegelsteinbaukörper des Hauses wird durch das vorstehende Dach auf dünnen Stahlstützen zurückgenommen. Dadurch wird ein zusätzlicher Freiraum für die Baumgruppen geschaffen, und diese erhalten den Charakter eines Haines.

An den differenziert gegliederten Längsseiten bildet die beidseitige Stützenreihe Maßstab,

Ordnung und Distanz, aber auch ein Gefühl der Offenheit sowie eine Schattenzone.

Das Haus wird durch die zentrale Diele geordnet, die man von der Traufseite her betritt. Die Diele macht den Hauskörper bis in den Dachbereich erlebbar. Von ihr aus erschließt sich eine einfache Raumfolge der links und rechts anhängenden Zimmer.

Auf der Gartenseite ist, ähnlich dem Verbindungssteg in der Diele, ein Steg aus Beton aufgelegt.

Am Nebenhaus mit eigenem Eingang sind an die zwei Räume zur Straße hin erkerartig Bad und Kochnische als Stahlblechkonstruktion mit farbigem Anstrich angefügt. Dies und die überdeckte Dachterrasse gibt dem Baukörper einen eigenen Charakter. Mit dem Haupthaus ist er zwar verwandt, gestalterisch jedoch im Kontrast durchgebildet.

Lageplan.
Maßstab 1:1000

Rechts: Südwestansicht.

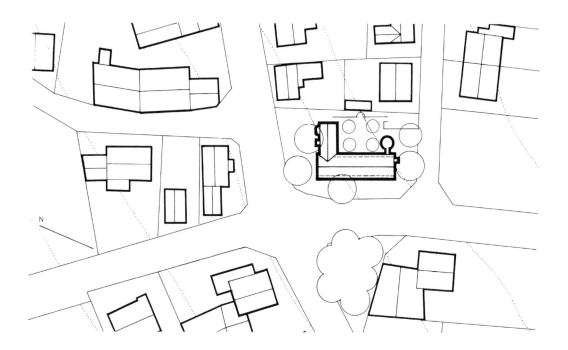

142

Haus Bähre

Ansicht Gartenseite.

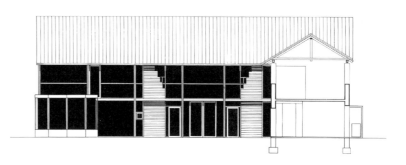

Grundriß Erdgeschoß.
Maßstab 1:250

1 Eingang
2 Eingangshalle
3 Wohnraum
4 Küche
5 Eßraum
6 Arbeitsraum
7 WC
8 Eingang Einlieger-
   wohnung
9 Wohnraum mit
   Kochnische
10 Schlafraum mit
   Badnische

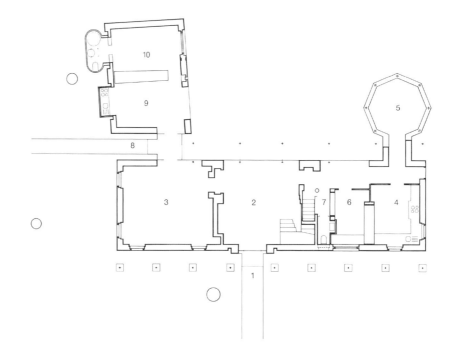

Ansicht Straßenseite.

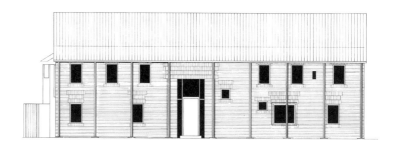

144

Südansicht.

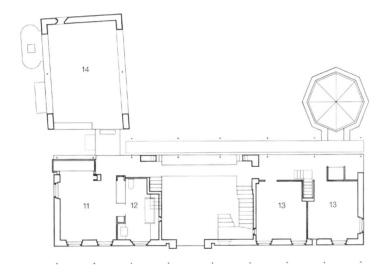

Grundriß Obergeschoß.

11 Elternzimmer
12 Bad
13 Kinderzimmer
14 Terrasse

Nordansicht.

Haus Bähre

Eingang Ostseite und
Eingangshalle mit
Verbindungssteg.

Haus Bähre

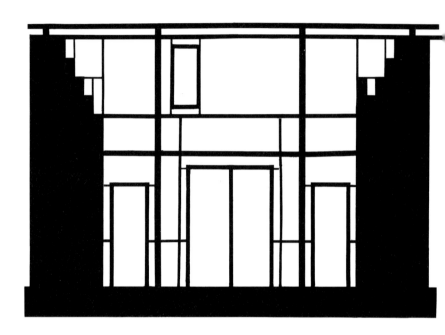

Oben: Blick von der Ein-
gangshalle in den Garten.

Silhouettenzeichnung und
Ausführungszeichnung
der Glasfassade.

Rechts: Ansicht Garten-
seite.

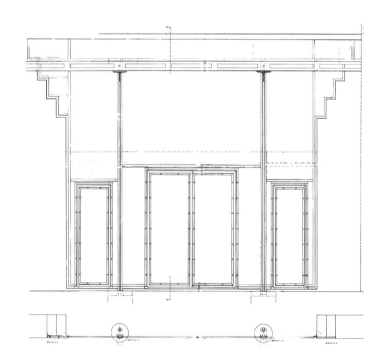

Haus Bähre

Nordwestfassade

Blick auf den Einlieger-
eingang sowie der
farbigen Bad- und Koch-
nische.

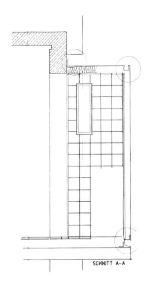

Schnitt und Grundriß der
Koch- und Badenische.

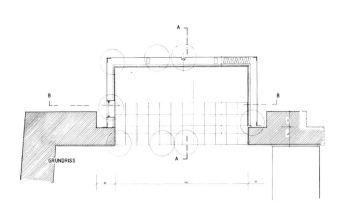

Maßstab 1:50

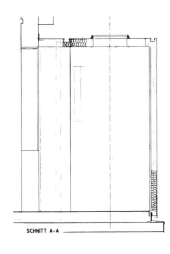

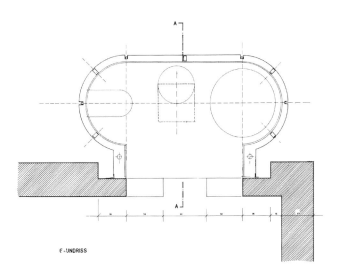

Haus Groddeck

1984

Für das Neubaugebiet am Rande der Kleinstadt mit mäßiger Hanglage war eine eingeschossige Bauweise, die Traufhöhe und die Dachneigung festgelegt.

Wie ein großes Zelt überspannt das weit überstehende Dach auf dünnen Stahlstützen und einem feingliedrigen Stahlträger den Hauskörper. Über einem gemauerten Erdgeschoß steht allseitig zurückgestuft ein Obergeschoß in Stahl und Glas, so daß wie bei einem großen Hofgebäude der Alpen eine Galerie die Räume nach außen erweitert.

Der traufseitige Zugang und Vorplatz führt in eine weiträumige Querdiele, die zusammen mit dem Wohnraum ein achsial betontes Zentrum bildet. Die zweigeschossige Diele, an die im Obergeschoß die einzelnen Familienräume angeschlossen sind, ist so etwas wie der Theaterraum des Hauses, an dem sich das gemeinsame Leben abspielt. Aus ihm kann man sich in den relativ niedrigen, mit einem weiten Glasvorbau nach außen offenen Wohnraum zurückziehen.

Von der inneren Obergeschoßgalerie aus erschließt sich in einem Durchblick die ganze Weite des Raumgefüges vom First im Dachraum über die Traufen zum Garten hin auf eine bewaldete Hügellandschaft.

Plan der Außenanlage.

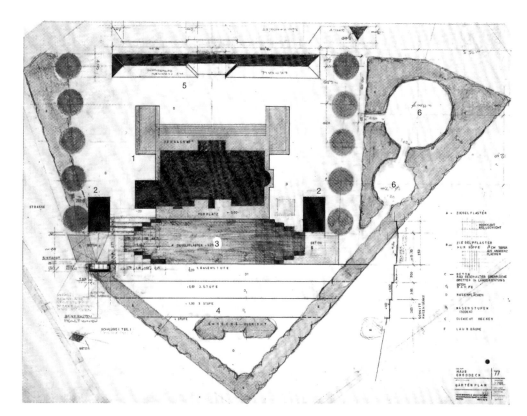

1 Wohnhaus
2 Garage
3 Vorplatz
4 Geländestufen mit Rasen
5 Erdwall
6 Gartennischen

Südostansicht.

Haus Groddeck

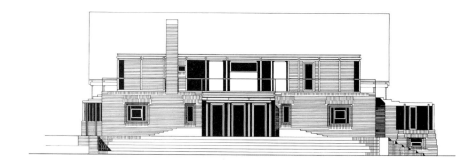

Nordansicht.

Maßstab 1:250

Grundriß Erdgeschoß.

1 Eingang
2 Eingangshalle
3 Wohnzimmer
4 Küche
5 Bibliothek
6 Einliegerwohnung

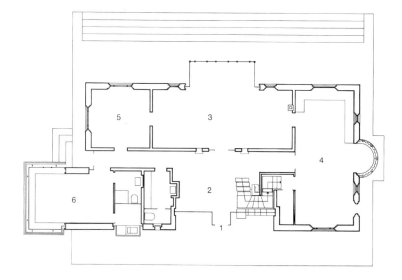

Südansicht.

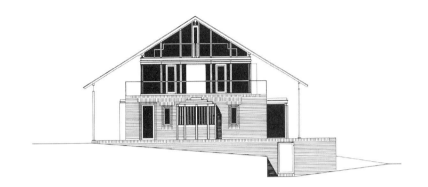

Ostansicht.

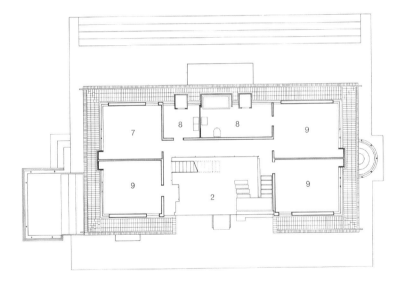

Grundriß Obergeschoß.

7 Elternzimmer
8 Bad
9 Kinderzimmer

Westansicht.

Haus Groddeck

Eingangsfassade mit
Küchennische der
Einliegerwohnung.

Bad Driburg

Westansicht.

Küchenerker Innenseite
mit Prismatisch gefalteter
Verglasung.

Haus Groddeck

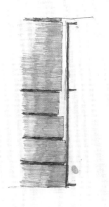

Ansicht der Geschoß-
treppe.

158

Treppe zum Dachraum.

Skizze und Grundriß
Erdgeschoßtreppe.

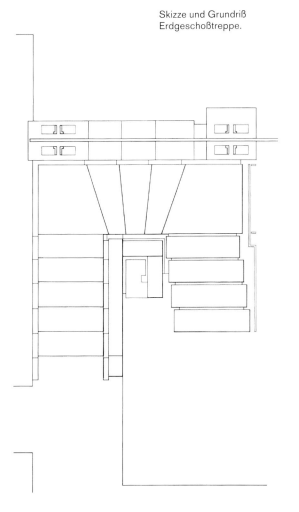

Haus Heinze-Manke

1984

Ein zweigeschossiges Hofhaus und ein schmales Giebelhaus mit zwei Wohnungen und einem Apartment im Untergeschoß sind zu einem differenzierten Baukörper mit schmalen Giebeln zusammengefaßt.

Das Hofhaus hat blockhaft geschlossene Mauern mit eingeschnittenen Öffnungen, das Giebelhaus ein seitlich auf dünnen Stützen vorgezogenes Dach, dessen Stahlbinder an den Giebeln auf Mauerpfeilern ruhen. Längsdiele und Innenhof sind die ordnende Mitte der Anlage des Hofhauses. Der Hof selbst formt mit tiefen, vor die Glaswand vorstehenden, zweigeschossigen Pfeilern einen feierlichen Raum.

Die Diele und die zwischen dem Hof und den Räumen vermittelnden Flure lassen einen mehrschichtigen, rhythmisch gegliederten Raum entstehen, der sich in den massiven Mauern fortsetzt mit Türöffnungen, die durch Nischen reliefartig erweitert sind.

Im Gegensatz zu den Wohn- und Schlafräumen, die durch Mauern gebildet werden, ist der Arbeitsraum in der südwestlichen Ecke des Obergeschosses von dem herabgezogenen Sturz bis zum Fußboden völlig verglast. Wie ein Erker springt die Glaswand vor die seitliche Mauer vor. Ähnlich einem japanischen Wandschirm gliedert sie die Waldlandschaft für den Blick des Betrachters in eine Folge hochrechteckiger Bilder.

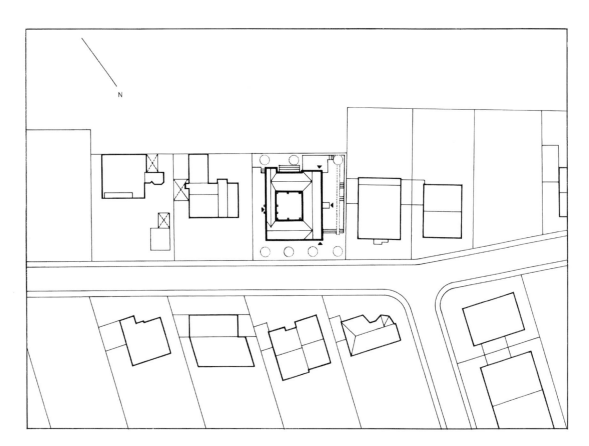

Lageplan.
Maßstab 1:1000

Straßenansicht nach
Südwesten.
Linker Teil Haus Heinze,
rechter Giebel
Haus Manke.

Nächste Seite: Nordost-
fassade.

Haus Heinze-Manke

Köln-Rodenkirchen

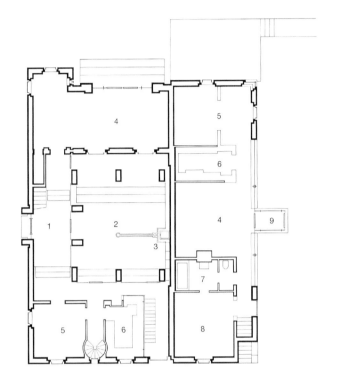

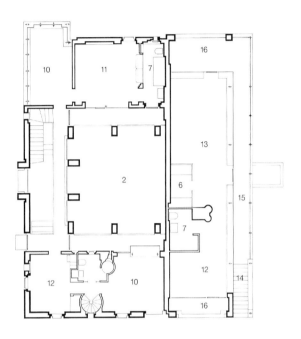

Maßstab 1:250

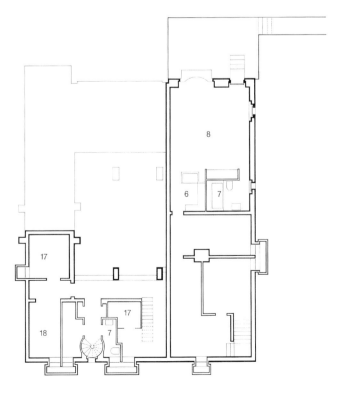

Grundriß Erdgeschoß.

1 Eingangshalle
2 Hof
3 Brunnen zur Dach-
  entwässerung
4 Wohnzimmer
5 Eßzimmer
6 Küche
7 Badezimmer
8 Schlafraum
9 Windfang

Grundriß Obergeschoß.

10 Arbeitsraum
11 Schlafraum
12 Kinderzimmer
13 Büro
14 Treppe zum Ober-
   geschoß
15 Laubengang
16 Terrasse

Grundriß Kellergeschoß

17 Technik
18 Kellerraum

Haus Heinze-Manke

Ansicht der Straßenseite
nach Südwest.

Maßstab 1:250

Schnitt.

Ansicht Gartenseite nach
Nordost.

Eingangsfassade Haus
Manke.
Südostansicht.

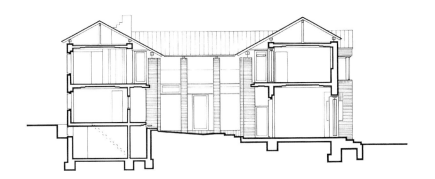

Schnitt.

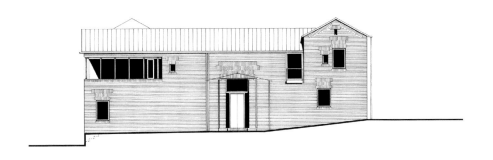

Eingangsfassade Haus
Heinze.
Nordwestseite.

Haus Heinze-Manke

Haustür Haus Heinze.

Außengalerie im Obergeschoß zum Innenhof.

Innenhof mit Blick in Richtung Wohnraum.

Eingangshalle im Haus
Heinze.

Flur vor der Küche.

Eingangshalle Blick in
Richtung Eßzimmer.

Haus Heinze-Manke

Arbeitsraum Haus Heinze.

Innenansicht des Arbeits-raums.

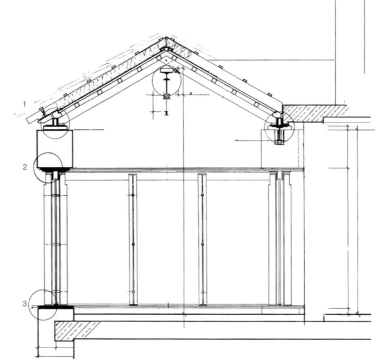

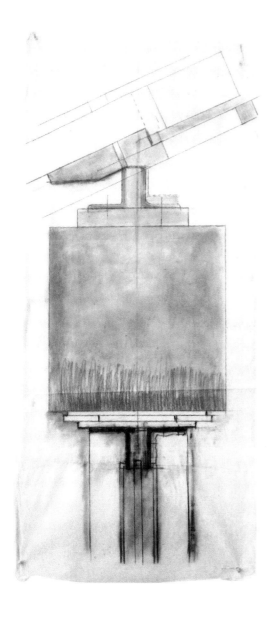

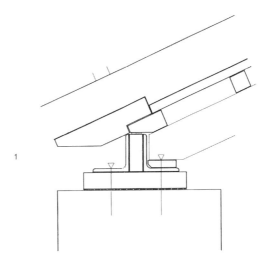

1   Dachfuß.

2   Stütze. und Verglasung.

3

Konstruktionsdetails
Arbeitsraum Haus Heinze.

Maßstab 1:10

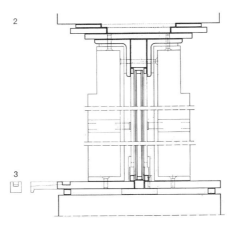

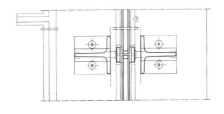

Grundriß der Stütze.

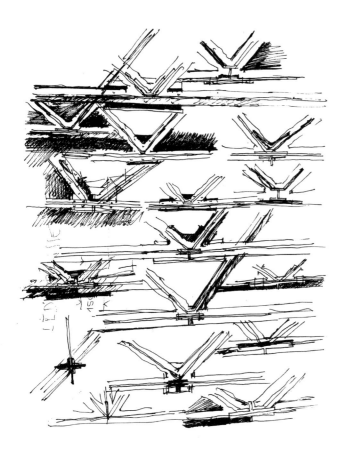

Skizzen der Stahlkonstruktion
am Haus Manke.

Giebel am Haus Manke.
(Rohbau)

Haus Helpap

1987

Den Anlaß für den Umbau des vorhandenen, eingeschossigen Flachdachhauses gab die Gestaltung des Gartenhofes, der dann zusammen mit dem Wohnraum als räumliche Folge geplant wurde.

Eine Hecke, die dahinter liegende, weiß verputzte Mauer, die bis zur Grundstücksgrenze verlängert wurde, und eine Sitzbank davor geben dem Hof den Rahmen.

Brunnen und Wasserrinne bilden wie bei einem arabischen Garten die Mitte, parallel verlegte Stufen aus Marmor im Betonboden abstrahieren das Wassermotiv und sind Blickziel und Fortsetzung des durch einen Erker auf ganzer Breite verglasten Wohnraumes.

Im Windfang ist schwarzer Glanzstuck aufgebracht. Das Licht in der weiß verputzten Diele erscheint dadurch im Kontrast intensiver. In der Diele wurde eine Wand entfernt. Deren statische Funktion übernehmen zwei schlanke, filigran durchgebildete Stahlträger, die zu beiden Seiten der Wendeltreppe aufgelegt sind.

Die Abtreppung der Dielenwände führt den Weg unmerklich zum Wohnraum hin.

Die Bibliothek wird durch das Versetzen einer Wand und die neue Anordnung der Fenster in ihren Proportionen wesentlich verbessert.

Vorhandene Möbel wurden architektonisch in die Räume integriert.

Durch die Verschiebung der Wand in der Bibliothek entsteht im Schlafzimmer eine Nische für einen vorhandenen Einbauschrank. An die Stelle der ursprünglichen Wand ist ein sichtbarer Stahlträger mit einer Stütze getreten.

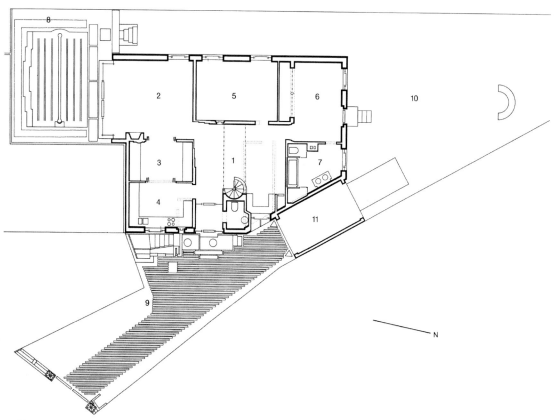

Grundriß Erdgeschoß.
Maßstab 1:250

1 Eingangshalle
2 Wohnzimmer
3 Eßzimmer
4 Küche
5 Bibliothek
6 Schlafzimmer
7 Badezimmer
8 Hof mit Brunnen
9 Eingangshof
10 Gartenhof
11 Garage

Unterzug der Eingangs-
halle.

Haus Helpap

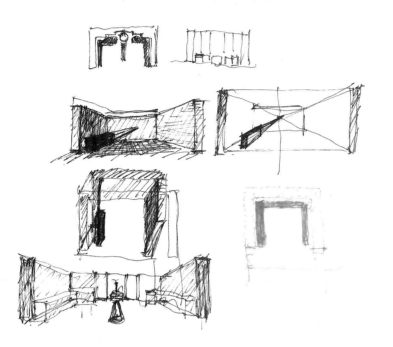

Entwurfsskizzen zum Hof
mit Brunnen.

Rechte Seite:
Grundriß und Schnitt der
Ausführungsplanung.
Gezeichnet im
Maßstab 1:10

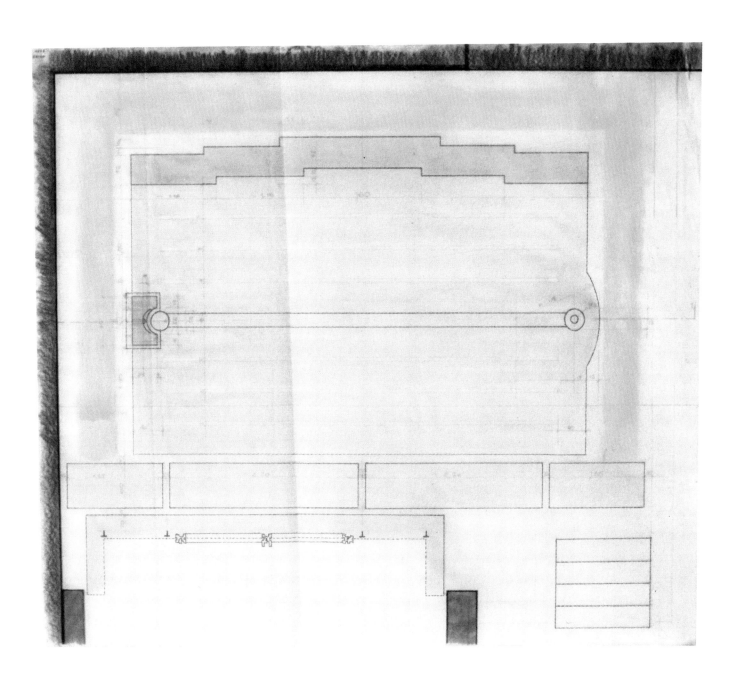

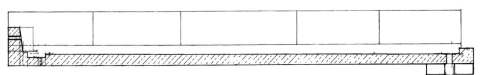

Haus Helpap

Ausführungsplan des
Brunnsn.

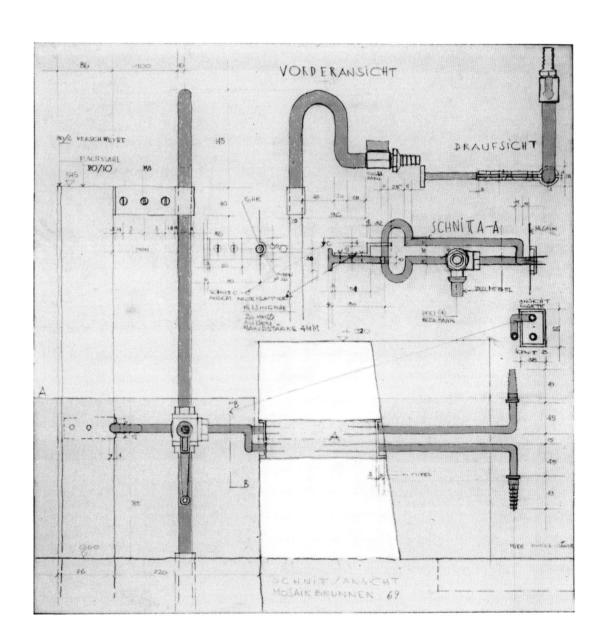

Skizze zum Brunnendetail.

Treppe vom Hof zum
Garten.
Blick in Richtung Hof.

Haus Helpap

Wohnraum Glaserker.
Türe und Fenster außen.

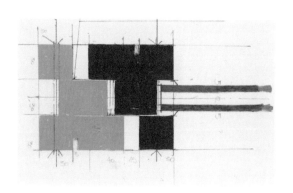

Türe und Fenster von der
Innenseite.

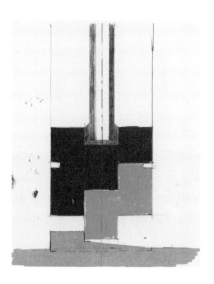

Wohnraum Glaserker
Grundriß- und Schnitt-
skizze Türrahmen.

Wohnraum Glaserker.

Haus Helpap

Tür zwischen Vestibül und
Diele.

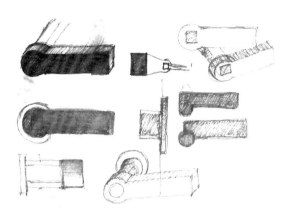

Skizze Tür- und Fenster-
beschläge.

Türe zwischen Wohnraum
und Eingangshalle.

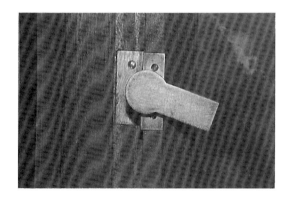

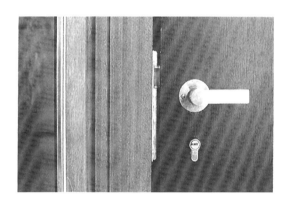

Detail der Glastür zum
Garten und Tür der Diele.

Haustür Außenseite.

Haus Holtermann

1988

Das Haus steht am Rande eines Neubaugebietes mit offener Bebauung. Es ist zu einer Flußaue hin orientiert.

Ein schmales Ateliergebäude soll in Zukunft den eingeschossigen Atriumbau mit dem sehr viel höheren Nachbargebäude zu einer raumbildenen Gruppe verbinden. In der Umgebung mit steilen Dächern wirkt das Haus sehr niedrig. Betritt man das Atrium durch das geschoßhohe Tor, so erscheint das Haus jedoch groß. Die monolithen, rechteckigen Sandsteinpfeiler mit Stahlkopf und Stahlfuß haben eine sachlich monumentale Ausstrahlung.

Am Ende des Atriums betritt man über eine Diele den Wohnraum. Küche und Schlafraum haben direkt neben dem Eingang verglaste Erker auf das Atrium, das man von da überblicken kann.

So ist der Hof durch die Verglasung einerseits intimer privater Raum, andererseits führt er erst zu dem von ihm vollkommen abgewendeten Wohnraum, der dadurch noch entrückter, privater erscheint. Das ist gewissermaßen eine Umkehrung der üblichen Raumsinngebung, in der der Wohnraum für den Empfang der Gäste Teil des öffentlichen Hausbereiches ist.

Im nördlichen Flügel liegt das Bad ein halbes Geschoß tiefer. Auf dem so entstehenden Podest sind durch Schrankwände Gästezimmer und Ankleideraum abgetrennt worden.

Das Dach ist ringsum mit einem Glasstreifen von den Vollziegelmauern optisch abgelöst.

Fenster und Türen sind Maueröffnungen, die durch Nischen der Mauer eine weitere rhythmische Gliederung geben. Die Innenwände haben einen weißen Putz. Der Wohnraum hat eine getreppte Decke mit 2,70 m Höhe, die anderen Räume sind 2,35 m hoch.

Die Kellertreppe ist als geschlossener, um einen Halbzylinder verlängerten Quader aus verzinktem Eisenblech vor die Ziegelsteinmauer gesetzt.

Lageplan.
Maßstab 1:1000

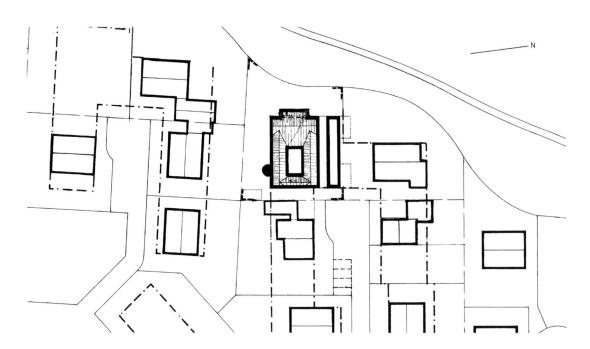

Atrium mit Sandstein-
stützen. Blick zur Diele
und Wohnraum.

Haus Holtermann

Querschnitt.

Maßstab 1:250.

Grundriß Erdgeschoß.

1 Eingang
2 Atrium
3 Diele
4 Wohnraum mit
  Vordach
5 Garderobe mit WC
6 Eßraum
7 Küche
8 Schlafzimmer
9 Schrankraum
10 Treppe zum Bad und
   Sauna
11 Arbeitsraum
12 Studio (nicht gebaut)
13 Kellertreppe

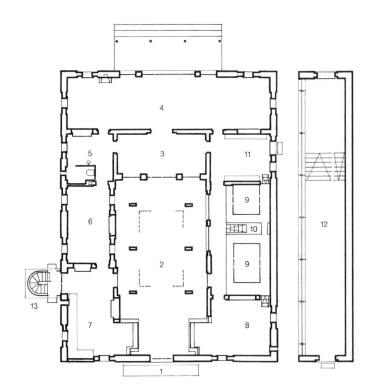

Ansicht der Eingangs-
fassade.

184

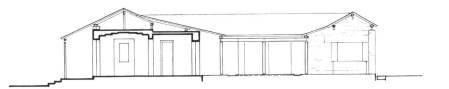

Längenschnitt durch
Wohnraum, Diele und
Atrium.

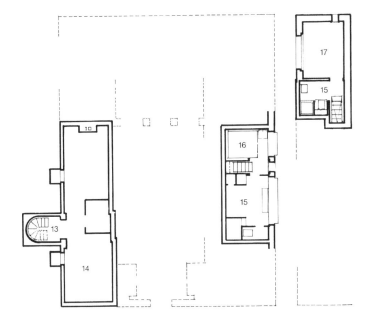

14 Keller
15 Bad und WC
16 Sauna
17 Gästeraum
   (nicht gebaut)

Grundriß Untergeschoß.

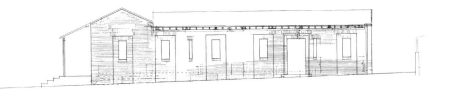

Ansicht Südostseite.

185

Haus Holtermann

Eingangsseite.
Atriumtür von der Innen-
seite und Erker Schlaf-
raum.

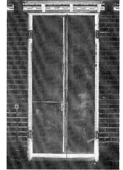

Gartenansicht Südwest-
seite.
Vordach des Wohnraums.

Südostseite und Keller-
treppe.

Haus Holtermann

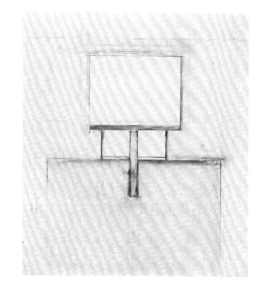

Sandsteinpfeiler im
Atrium.
Stützenkopf und Stützen-
fuß.

Skizzen Sandsteinpfeiler.
Maßstab 1:10

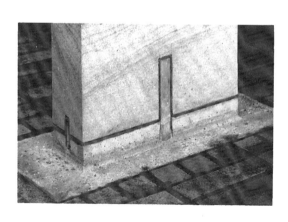

Atrium. Ecke mit Pfeiler
und Regenrohren.

Haus Holtermann

Links: Wohnraum.

Oben: Diele.

Unten: Arbeitszimmer mit
Treppe zum Schrankraum.

Rechts: Schrankraum.

Haus Kühnen

1988

Ein Wohnhaus mit Arztpraxis aus der Mitte der Achtziger Jahre, das weder ein Wohnzimmer beinhaltete noch den Zugang befriedigend gelöst hate, wurde erweitert und umgebaut.

Ein Atrium, das zu ebener Erde liegt, aber 90 cm tiefer als die Ergeschoßräume, ist das ordnende Zentrum des Hauses, das man von der Straße her betritt. An ihn sind seitlich ein Bibliotheksraum und, durch ein Glaselement getrennt, mitten in den Garten gestellt ein großer Wohnsaal angefügt.

Alle neuen Bauten, Atrium, Gartensaal und ein geplanter Eßpavillon stehen zueinander abgewinkelt um einen großen Baum.

Das Atrium soll im Sommer den offenen Hofcharakter erhalten. Es ist dafür mit einer herausnehmbaren Verglasung zwischen den Betonsäulen versehen. Die überdeckten Abschnitte des Atriums sind so weiträumig, daß sie auch Wohnnutzungen aufnehmen können. Die Längsausdehnung des 3 m breiten und 4,50 m hohen Gartensaales ist durch eine mittige Konche mit einer Steinbank und einem festgebauten, runden Tisch aufgehoben. Von dort aus führt eine Querachse den Blick zu einem geplanten Brunnen an die Gartenmauer.

Im Gegensatz zum sichtbaren Ziegelmauerwerk des Atriums ist der Saal weiß verputzt und das sichtbare Holzdach auf einem schwertförmigen Stahlfirst weiß gestrichen. Der gegglättete Zementestrich des Fußbodens erscheint im Kontrast zum Weiß als warmer Grauton.

Der leichtglänzende Fußboden, die weiße Raumhülle, die weißen Marmortafeln der Giebelwand, das Blau der kreisrunden Giebelglasscheiben und die mit Aluminiumblech verkleideten Türen geben dem Raum eine Unnahbarkeit, die bei aller Leichtigkeit an die Baukunst Griechenlands erinnert, wo Megaronhaus und Tempel den gleichen Charakter hatten und sich lediglich in den Dimensionen unterschieden.

Lageplan.
Maßstab 1:1000

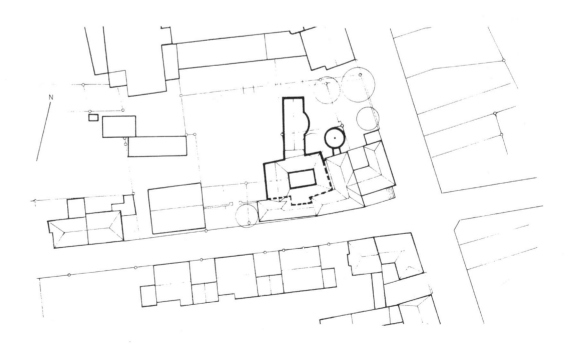

192

Gartensaal.

Haus Kühnen

194

Vorentwurf. Farbige
Kohleskizze.
Maßstab 1:500.

Haus Kühnen

Schnitt durch das Atrium.

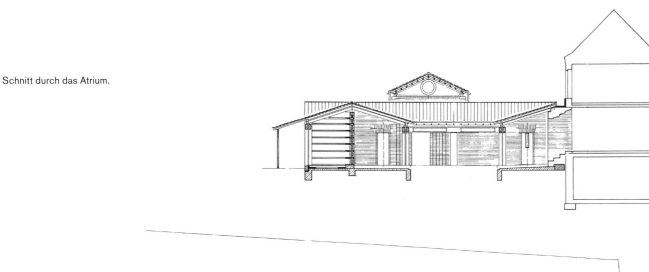

Grundriß Erdgeschoß.

1 Eingang vorhanden,
  geändert
2 Atrium
3 Gardcrobc
4 Gartensaal
6 Küche (Altbau)
7 Treppenhaus (Altbau)
8 vorhandene Arztpraxis

Maßstab 1:250.

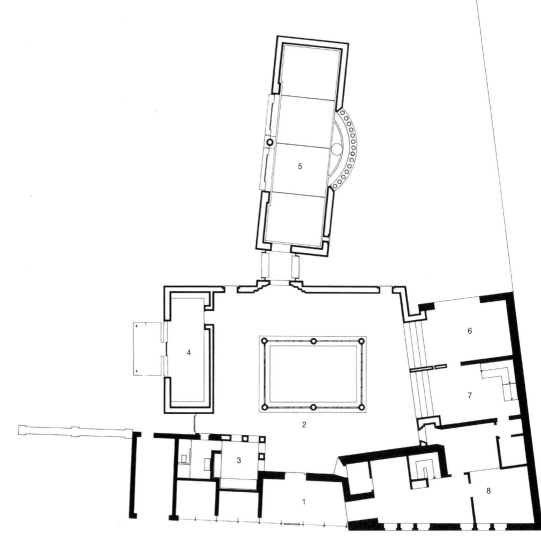

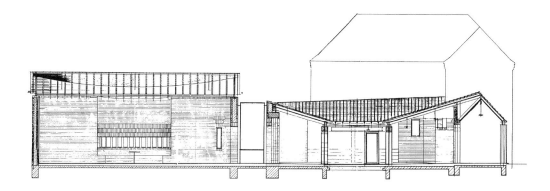

Schnitt durch Atrium und
Gartensaal.

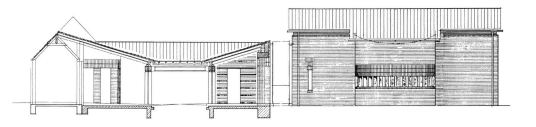

Schnitt durch das Atrium
und Rückansicht Garten-
saal.

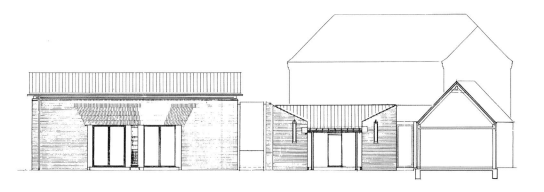

Vorderansicht Gartensaal
und Bibliothek.

Haus Kühnen

Untersicht der Dachdecke
im Atrium.

Atrium. Vorplatz zum
Gartensaal und Blick auf
die Bibliothekswand.

Atrium. Links Bibliothekswand.

Rechts: Bibliothekswand
und Nebenausgang zum
Garten.

Atrium mit herausnehm-
barer Verglasung.

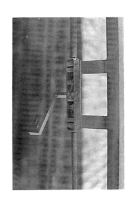

Griff und Verschluß der
Türen zum Garten.

Haus Kühnen

Gartensaal. Außenansicht
mit Verbindungselement.

Sitznische im Gartensaal.
Außenansicht.

Gartensaal Innenansicht.

Sitznische in Gartensaal.

Giebel des Gartensaales
mit kreisrunder blauer
Glasscheibe.
Durchblick zum Atrium.

Haus Kühnen

Außenansicht der Biblio-
thek mit überdachtem
Vorbereich.

Türfeststeller für alle
Türen zum Garten.

202

Vordach der Bibliothek.

Bibliothek Innenansicht
mit Regalen in Ortbeton.
Boden aus Ziegelstücken
und Mörtel.

Bibliotheksfenster außen.

Haus Babanek

1990

Ein Weg zwischen Hecken führt unter einem Laubendach am Ende einer Bebauung an einem sehr tiefen, mit alten Bäumen bestandenen Grundstück vorbei.

Für einen Moment öffnet sich der Blick auf eine große Glaswand und ein flachgeneigtes, langes Satteldach. Der Hohlweg endet an einem verglasten, zuwachsenden Dach auf einer Stahlkonstruktion.

Das Haus steht mit seinem First parallel zum Zugangsweg in Nord-Süd-Richtung. Die große Glaswand schützt Flur und Treppe, der große Vorhof garantiert Privatheit.

Der schmal-rechteckige Ziegelsteinmauerbau mit Reihen von Fenstern und Türen stellt die Grundform des antik-ägyptischen Hauses mit abgestuftem Vorraum dar.

Das hiesige Klima erfordert eine weite Hülle; es sind hier Dach und Glaswand, die beide als eigenständige Elemente dieses Ur-Haus frei überspannen. Um das sichtbar zu machen, ist die Glaswand einige Zentimeter hinter die Giebelwände zurückgesetzt und das Dach von den Mauern abgelöst.

Das Erdgeschoß ist mit 4,50 m sehr hoch. Der schmale Raumkörper mit der Dreiteilung für die Zimmer ist äußerst einfach durchgebildet. Die Reihung der Fenstertüren bestimmen den Wohnraum und lassen kaum Stellflächen frei.

Der Bau stellt die strengste architektonische Ordnung dar, die möglich ist. Sie wird durch die wenigen Materialkontraste noch verstärkt: vor dem 50 cm starken Vollziegelmauerwerk führt eine flache, weitlaufende Stahltreppe in das obere Geschoß. Im Gegensatz dazu steht die Glaswand, die von engstehenden sehr dünnen Stahlstützen getragen wird.

Gartenfassade.

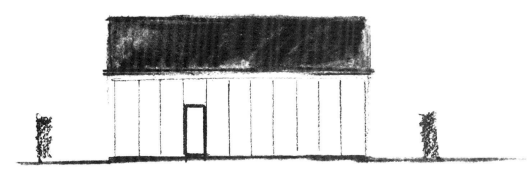

Eingangsfassade.

Maßstab 1:250

Giebelseite.

Grundriß Erdgeschoß.

Maßstab 1:250

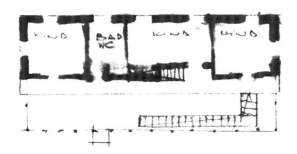

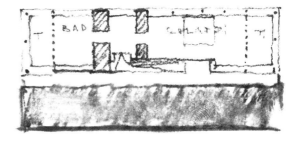

Grundriß Obergeschoß.

Grundriß Dachgeschoß.

WERKVERZEICHNIS

Bauten und Projekte 1955–1990

1955   **Haus Bienefeld**

Köln-Weiß

Projekt

1956   **Haus Dr. Hecht**

Kürten, Bergisches Land

Neubau

Ursprünglich Wochenendhaus.
Länglicher Eingangsflur.
Massivbau verschiefert.
(Verändert)

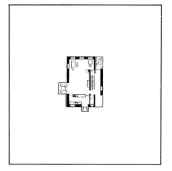

1961   **Kath. Kirchengemeinde**

Berkum

Bebauungsplanung

1962   **Kloster der Karmelitinnen**

Köln

Erweiterung

Weiterführung der von Emil
Steffann begonnen Erweiterung.
Rekonstruktion des Grundrisses
des 1904 abgebrochenen
Klo-sters. Entwurf und Aus-
führung des südlichen Flügels
mit Wohn- und Arbeitsräumen.
Sichtbar belassenes massives
Ziegelmauerwerk.

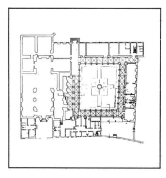

Haus Paul Nagel

Wesseling-Keldenich

Renovierung

1963

Pfarrkirche St. Laurentius
Wuppertal- Elberfeld

Restaurierung

Überarbeitung der nach dem
2. Weltkrieg wiederaufgebauten
klassizistischen Kirche (1835,
Architekt von Vagedes).
Konstruktion einer klassizistischen Orgelempore unter
Verwendung einer Abbildung
der von Vagedes gezeichneten
Innenansicht.

1964

Haus Balke
Köln-Poll

Umbau und Erweiterung

Erweiterung mit einem durch das
Haus quer durchführenden
Flur und einem Bildhaueratelier.
Altbau: Ziegelstein
Erweiterung: Fachwerk ver-
schiefert; klassizistischer Giebel.

Alte Vikarie
Overath

Renovierung

Erhaltung des quadratischen
Baus von 1680, Erweiterung des
Anbaus vom 19. Jahrhundert.
West- und Ostseite verschiefert,
übrige Seiten blaugefärbter
Kalkputz.
„Marmorino" Glanzputze im
Wohnzimmer (blau) und
Bade-zimmer (Zinnober-rot).
Heute zerstört.

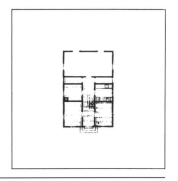

Pfarrkirche St. Andreas
Wesseling-Keldenich

Erweiterung

Erweiterung der kleinen neu-
romanischen Kirche um einen
großen Saal.
Umbau des angrenzenden
Seitenschiffes zur zweigeschossigen Arkade.
Massiver Ziegelstein.

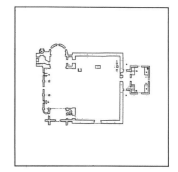

Pfarrzentrum St. Laurentius
Wuppertal-Elberfeld

Wettbewerb

Eine Halle mit Bücherei, Lese-
raum, Kaffee verbindet die
vorhandenen klassizistischen
Bauten.
Wettbewerb, 1. Preis. Ausführung
durch anderen Architekten.

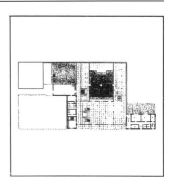

Pfarrkirche St. Adelheid
Geldern

Wettbewerb in Zusammenarbeit mit
E.Steffann

Saalbau mit massiven Ziegelsteinmauern. Dach auf innen-
liegenden Stützen.
Kante ist von der Mauer mit
einem Lichtstreifen abgesetzt.

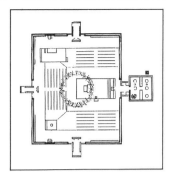

1965

Haus Heiermann
Köln-Sürth

Umbau und Erweiterung

Ursprünglich eineinhalb
geschossiges Haus wurde auf
2 Geschosse und eine Durchfahrt erweitert.
Innenhof mit Galerie und rück-
wärtiger Bau neu.
Die gußeisernen Stützen des
Hofes sind ehemalige
Gaslaternen aus Wuppertal.

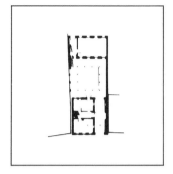

**Stadtplanung Ortsteil
Keldenich**
Wesseling-Keldenich

Bebauungsplan /
Einfamilienhäuser
Haus Dornbusch
Haus Heppekausen
Haus Radermacher
Haus Thiemann
Haus Wäschenbach

Vorschlag für eine Einfamilien-
hausbebauung mit platzartige
verkehrsfreier Straßenachse
für den Bebauungsplan über-
nommen.
Häuser von anderen Architekten
gebaut.

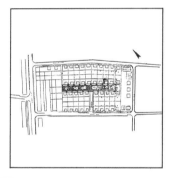

Haus Marizy
Köln-Müngersdorf

Projekt

1966

Hallenbad Grünzug Süd
Köln-Zollstock

Wettbewerb in Zusammenarbeit
mit J. Manderscheid

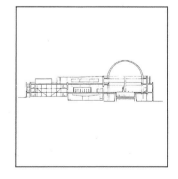

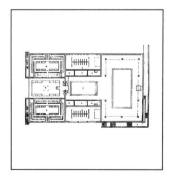

**Stadtplanung
Wesseling-Mitte**

Wettbewerb

Neuordnung des Gebietes zwischen
Rheinuferbahn und Rhein.

Haus Paul Nagel
Wesseling-Keldenich

Umbau / Hofbebauung

Vorhandenes Fachwerkhaus
erneuert, 1966–67 um einen
freistehenden Wohnsaal
erweitert.
Klostergewölbe in Stuck und
Glanzstuckwänden.

1967

Haus Emunds
Linnich

Projekt

Ein Weg führt von der Straße
über erhöhten Eingangshof und
Galerie in die Wohnräume.
Später sollte der Bau
symmetrisch erweitert werden.
Nicht ausgeführt.

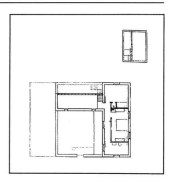

● **Bischofskirche St. André**
Goma / Kongo

Projekt in Zusammenarbeit
mit J. Manderscheid

Rundbau Gedacht als 4 m dickes
Konglomerat-Mauerwerk aus
vulkanischem Gestein, mit
Gängen und Treppen im Inneren.
Laubengang mit Querlüftung;
während der Regenzeit durch
Klappen verschließbar.
Ein drittel der gesamten Raum-
hohe Holzdachstuhl aus
Eukalyptus Rundstämmen.
Ca. 2000 Sitzplätze.

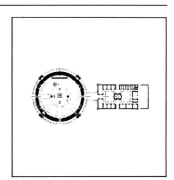

Haus Wuttke
Köln-Rodenkirchen

Renovierung und Erweiterung

Aufstockung eines unan-
sehnlichen Anbaus in massivem
Ziegelmauerwerk mit Mansard-
dach. Verschieferung des kleinen
Altbaus.
Neubau des Ateliers 1969.

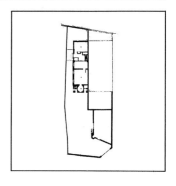

1968

● **Pfarrkirche St. Willibrord**
Mandern-Waldweiler

Neubau

Wettbewerb 1. Preis.
Saalbau über den Resten einer
alten Kirche:
Ehemaliger Chor (1520) und
Kapelle massiver Ziegelbau.
Unregelmäßiger polygonaler
Baukörper vorgegeben durch
die Grundstücksgrenzen, zur
städtischen Raumbildung benutzt.

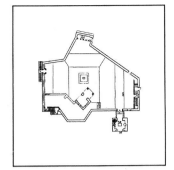

Haus Paul Nagel
Wesseling-Keldenich

Projekt

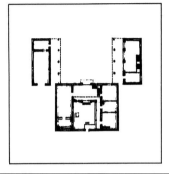
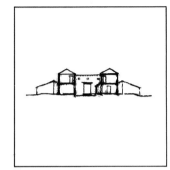

● **Haus Wilhelm Nagel**
Wesseling-Keldenich

Neubau

Raumordnung aus Querdiele,
Saal und Loggia.
Massiver Ziegelstein.
Geschlossener Gartenhof mit
Laubengängen (wurde nicht
ausgeführt).

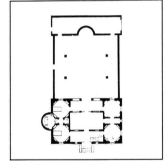

Rathaus Zons
Dormagen / Zons

Wettbewerb

Nach außen geschlossene Mauer
als Teil der alten Stadtmauer.
Gefaltetes Glasdach über dem
gesamten Bau.
Der „Hof" ist gleichzeitig Rats-
saal. Anfügung eines Hochzeits-
turms.

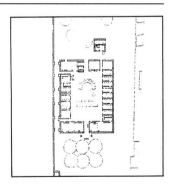

Haus Faber
Krefeld

Erweiterungsplanung

Erweiterung des alten
Weberhäuschens mit quer-
durchlaufendem Seitenflur.

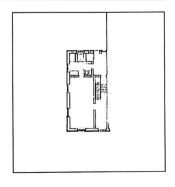

1969

Pfarrzentrum St. Nikolaus
Bad Kreuznach

Wettbewerb 1. und 2. Stufe

Integration eines großen
barokken Hauses in ein differen-
ziertes Raumgebilde, mit dem
Straßenräume artikuliert werden.
Wettbewerb 1. und 2. Stufe,
jeweils 1. Rang.
Nicht ausgeführt.

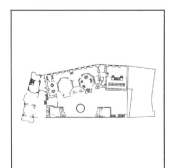

Gartenhaus Hillebrand
Wuppertal-Barmen

Umbau

Achteckiges Holzhaus der
Jahrhundertwende. Den Bau
überragendes Satteldach
auf Stützen mit 1,50 m hohen
Naturstein-sockeln.

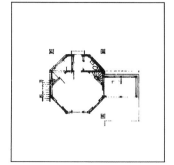

Pfarrzentrum und
Jugendheim
St. Andreas
Wesseling-Keldenich

Neubau

Ergänzung zur Pfarrkirche
(erweitert 1964), Bildung eines
Platzes seitlich der Kirche.
Massives Ziegelmauerwerk.
Zentrale Freitreppe, heute
umgebaut.

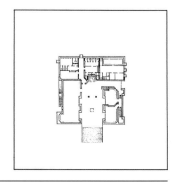

1970

Haus Josef Faber
Krefeld

Neubau

Ausgeführt ist die linke Hälfte
eines geplanten Doppelhauses
mit verglasten Räumen über der
Durchfahrt, die je nach Bedarf
einem der beiden Häuser
zugeschlagen werden sollten.
Bau mit Diele über zwei
Geschosse. Spiegelglatte,
betonplangeschalte Decken.

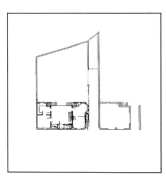

Werktagskapelle und
Sakristei
St. Laurentius
Wuppertal-Elberfeld

Neubau

Massive Ziegelsteinmauern,
außen verputzt.
Oberlicht in Alabasterscheiben
geplant, ausgeführt in Glas.

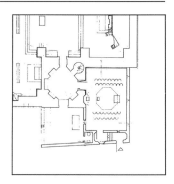

216

● **Friedhofskapelle**
Frielingsdorf
Lindlar-Frielingsdorf

Neubau

Geplanter vollständig umschlossener Hof nur halb ausgeführt. Ornamentales Natursteinmauerwerk, innen mit Grrlandenmotiv. Fenstergewände in Ziegelstein.

Katholische Pfarrkirche
Polch

Erneuerung der Eingänge

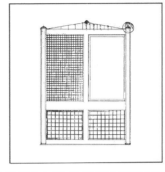

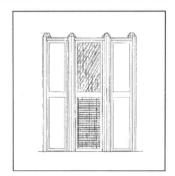

Zahnarztpraxis Dr. Hoederath
Overath

Projekt

Halbgeschossig erhöhtes Atrium. Anbau an existierendes, zweigeschossiges Haus, das umgebaut werden sollte.

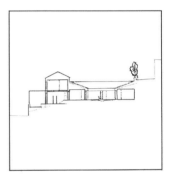

Altenwohnheim
Bad Hönningen / Rhein

Projekt

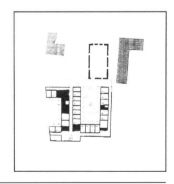

1971

Kindergarten der
Kat. Kirchengemeinde
Mandern-Waldweiler

Projekt 1 und 2

Gruppenräume mit Spielnischen bilden die Grundelemente. Riesiges, flachgeneigtes Walmdach auf Stahlstützen.

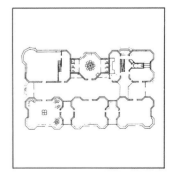

Sprengel Museum
Hannover

Wettbewerb in Zusammenarbeit
mit J. Manderécheid

1972   **Pfarrbüro St. Andreas**
Wesseling-Keldenich

Neubau

●   **Haus Pahde**   Atrium. Massives Ziegelstein-
Köln-Rodenkirchen   mauerwerk, innen und außen
                       sichtbar.
Neubau   Decke: Hourdisplatten.

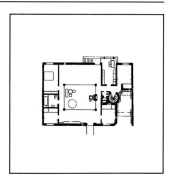

1973   **Kath. Pfarrkirche**   Steiler Hang. Von Oben führt eine
Mertesdorf   Treppe entlang der Mauer in die
                                  Kirche. Mittel-„Straße" mit Altar,
Wettbewerb in Zusammenarbeit   Ambo, Tabernakel, Priestersitz
mit J. Manderscheid   und Orgel.
                                  Gemeinde sitzt sich auf freier
                                  Bestuhlung gegenüber.
                                  Der Raum ist auf die alte Kirche
                                  ausgerichtet. Anbau eines runden
                                  „Schatzhauses" mit den Altären
                                  der alten Kirche.

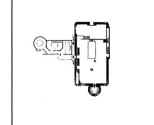

1974   **Pfarrkirche St. Arnulf**   Entwurf eines Atriums und
Nickenich   Renovierung von Boden, Wänden
                                  und Bestuhlung.
Renovierung

**Kapelle St. Johannes
der Kath. Kirchengemeinde
St. Bonifatius in Odenspiel**
Wildbergerhütte-Bergerhof

Renovierung

Haus Tong
Köln-Rodenkirchen

Projekt

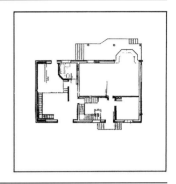

● **Pfarrkirche und Pfarrhaus
St. Bonifatius**
Wildbergerhütte-Reichshof

Neubau

Kirche: Bruchsteinmauerwerk, im
Inneren mit Schrägschichten,
großes Satteldach auf
mächtigen Backsteinpfeilern.
Innenausstattung.
Pfarrhaus mit Atrium.

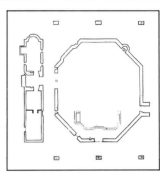

1975

Pfarrzentrum St. Adelheid
Bonn-Beuel / Pützchen

Neubau

Neubâu ân einen vorhândenen
Saal aus dem 19.Jahrhundert
mit verglaster Halle und Innenhof.
Ziegelsteinmauerwerk und Pultdach.

● **Haus Klöcker**
Hohkeppel

Neubau

Mittelflurhaus am Hang.
Dachziegelbehang der
Außenwände. Vorplatz als
Erweiterung des Straßenraumes.

**Sakristei Pfarrkirche
St. Arnulf**
Nickenich

Projekt

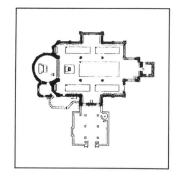

1976

Stadtplanung
Offenburg

Wettbewerb in Zusammenarbeit
mit J. Manderscheid

● **Haus Stein**
Wesseling

Renovierung und Bau einer
Gartenanlage

Katalogbau der Jahrhundert-
wende mit Innenwänden aus
Stahlfachwerk.
Umbau zu zentraler Diele.
Ovaler Hof mit Pavillon als
räumliches und achsiales
Gelenk zur Gartenanlage.

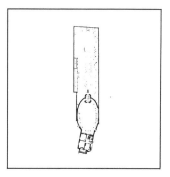

Haus Steinke
Köln-Lindenthal

Umbau und Renovierung

Ursprünglich Außenverkleidung
in Tonplatten. Baugerüst als
Vorgesetzte Schicht.

1977

Pfarrkirche St. Jodokus
Uedem-Keppeln

Renovierung und Erweiterung

Entwurf eines Atriums und
Renovierung von Boden, Wänden
und Bestuhlung.

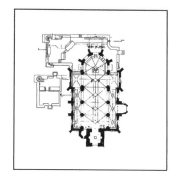

**Pfarrzentrum
St. Bartholomäus
Pfarrkirche und Pfarrhaus**
Ahlën

Wettbewerb in Zusammenarbeit
mit G. Hülsmann und
J. Manderscheid

Umfangreiches Programm mit
vier Höfen aus vielen Bauteilen im
Sinne einer kleinmaßstäblichen
alten Stadt.

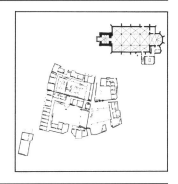

Haus Tippkötter
Bergisch-Gladbach

Neubau

Mittelflur und spiralförmig
aufsteigender Treppenweg um
den Wohnraum.

1978

Pfarrheim St. Michael
Tecklenburg

Wettbewerb in Zusammenarbeit
mit J. Manderscheid

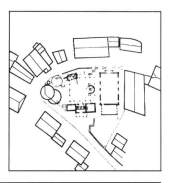

Haus Nobbe I
Alfter

Projekt

Zwei Einfamilienhäser sind um
einen Innenhof gruppiert und
über einen Durchgang getrennt.
Schiefes Grundstück, Himmels-
richtungen und Ausblick nach
Bonn widersprechen den
Wünschen nach Trennung und
gemeinsamer Nutzung. Flach-
geneigte Dächer.

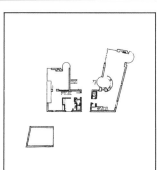

Kath. Gemeindezentrum
Voerde

Wettbewerb

Für die desolate Neubaugegend
wurde versucht, einen Ort zu
bilden, der dem Dorfkern einen
Zusammenhang geben würde.

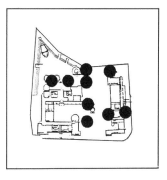

221

Haus Schütte

Köln-Müngersdorf

Neubau

In dem Einfamilienhausgebiet mit offener Bauweise wurde eine straßenbegleitende Mauer mit wenig Öffnungen und ein gepflasterter Vorplatz statt eines Vor-garten gebaut. Eingangshalle und Mittelflur sind die Ordnungs-elemente des komplexen Hauses. Mauern in Ziegelstein, außen wie innen sichtbar.

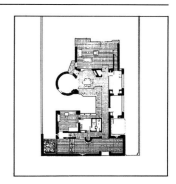

Pfarrkirche St. Otger

Stadtlohn

Wettbewerb

Um die architektonischen Quali-täten der großen neugotischen Kirche zurückzugewinnen, wurden die Nachkriegsbeton-pfeiler herausgenommen und das Dach mit Stahlseilen aufgehängt. Statt eines neuen Maßwerks wurden in die Fenster einfache Sprossen in Stahl eingesetzt. Möblierung und Fußboden soll-ten erneuert werden.

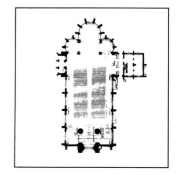

Haus Stupp

Köln-Rodenkirchen

Neubau

In der geschlossenen, einge-schossigen Bauweise ermög-lichte der abgesenkte Innenhof die Durchbildung von zwei Geschossen.
Der Staßenraum wurde durch einen gepflasterten Vorplatz erweitert.
Zur Küche hin hat die Garage einen Dachgarten.

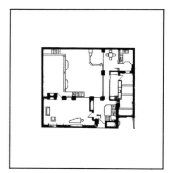

Haus Derkum

Swisttal-Ollheim

Umbau und Renovierung

Wohnhaus und Büro Heinz Bienefeld. Bauerngehöft von 1880 mit großem Innenhof. Aufdoppelung der Dächer. Umbau des Kuhstalles zur Wohnhalle.

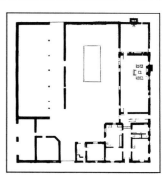

1979

Museum Ludwig

Aachen

Wettbewerb in Zusammenarbeit mit J. Manderscheid und E. Zielhofer

An einen runden Kernbau mit mehreren Ringen schließt eine lange Galerie in weitem Bogen an.
Unter das Dach sind kleine, schatzhausartige Ausstellungs-räume eingeschoben.

222

**Pfarrkirche St. Jakobi
Restaurierung und liturgische
Neugestaltung**
Coesfeld

Wettbewerb in Zusammenarbeit
mit J. Manderscheid.
Künstlerische Gestaltung der
Ausstattungsstücke J. Pechau.

Die gotische Kirche war nach
dem Krieg neuromanisch
wiederaufgebaut worden.
Der Entwurf für eine neue
Möblierung und einen Fußboden
wurden nicht ausgeführt.

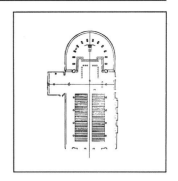

Pfarrkirche St. Mariae Geburt
Mülheim / Ruhr

Projekt

Erneuerung der Kirche, die
1928/29 von Emil Fahrenkamp
erbaut wurde und nach dem
Krieg Änderungen erfuhr.
Der öde wirkende Innenraum
sollte durch das Öffnen und
Zeigen des Dachstuhles
bereichert, störende Einbauten
sollten herausgenommen werden.

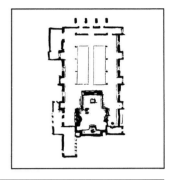

1980

Jugendheim St. Bonifatius
Wilbergerhütte

Projekt

3. Bauabschnitt des Kirchen-
zentrums.
1. und 2. Bauabschnitt 1974.

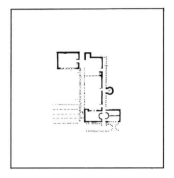

Pfarrheim St. Jodokus
Uedem-Keppeln

Neubau

Die hohe Traufseite des Pultda-
ches liegt zur Kirche hin.
Der Kirchplatz wird daher durch
eine hohe Ziegelsteinmauer
geschlossen.
Die Durchführung erfolgte durch
einen örtlichen Architekten.

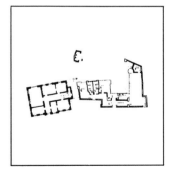

1981

Haus Pohlmann
Neuenkirchen

Inneneinrichtung I

Planung und Durchführung eines
vielgestaltigen Innenausbaus für
ein nahezu fertiges Haus.
Von der geplanten Gartenanlage
wurde nur ein geringer Teil
durchgeführt.

Kulturelles Zentrum Beuel
Bonn-Bsuel

Wettbewerb in Zusammenarbeit
mit H. Hachenberg und
E. Zielhofer

Im gestalterisch chaotischen
Gebiet der Rheinbrücke wurde
eine Vielzweckhalle und Räume
für die Volkshochschule
gewünscht. In einer strengen und
komplexen Form, mit geschlossenen Wänden nach außen
wurde eine flache Stützenhalle
und quer dazu zwei eng anein-
andergestellte schmale Bauten
mit einer Gasse vorgeschlagen.

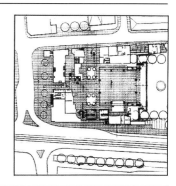

1982

**Sparkasse und
Wohnbebauung am
Viehmarktplatz**
Trier

Wettbewerb in Zusammenarbeit
mit H. Hachenberg und
E. Zielhofer

Am Rande der Altstadt auf dem
früheren Viehmarkt wird ein völlig
geschlossener Platz mit Läden
und Büroräumen gewonnen.
Wichtige Bauten der Umgebung
wie z. B. die Kirche werden über
Durchblicke einbezogen.

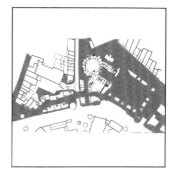

1983   ●   **Opera de la Bastille**
Paris

Wettbewerb in Zusammenarbeit
mit L. Bussjäger, T. Iserentant
und E. Wuthe

Das riesige Opernhaus ist als
Baugruppe aus drei beherr-
schenden Quadern gebildet, die
den Maßstab des Platzes
weiterführen.
Durch eine große Halle führt der
Weg vom Platz zum rückwärtig
liegenden Zuschauerraum.

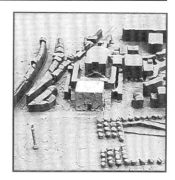

Haus Henderichs
Stotzheim

Projekt

Langestreckter, schmaler und in
der Höhe gestufter Baukörper.
Darüber liegt frei das Satteldach
Zusammen mit einer Längs-
wand, die den durchgehenden
Seitenflur abschließt, bildet es
die Klimahülle.
Das Bild des Hauses ist die
Vereinigung eines alt-ägyptischen
Stufenbaus mit einem euro-
päischen Flurhaus.

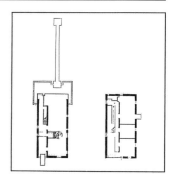

Haus Dominik
Bornheim-Walberberg

Umbau und Erweiterung

Umbau eines eingeschossigen
Flachdach-Bungalows zu einem
Giebelhaus mit zweigeschos-
siger Diele.

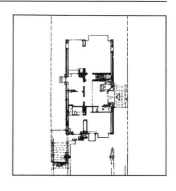

Haus Reich-Specht
Arnsberg

Umbau und Erweiterung

Unter Mitarbeit von
W. Jung

Umbau eines breiten Giebel-Fertighauses in einen gestuften Baukörper, an den ein Glashaus angesetzt ist.
Eine Mauer mit Bibliotheksturm und Galerie (noch nicht fertiggestellt) umschließt das Grundstück.

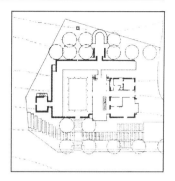

Haus Nobbe II
Alfter

Projekt

Langgestrecktes Einfamilienhaus mit großer zweigeschossiger Diele, an die beidseitig je ein Raum anschließt.
Davor liegt eine offene, eingeschossige Vorhalle.

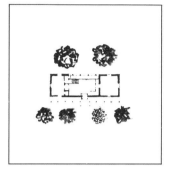

Pfarrkirche St. Josef
Lingen-Laxten

Renovierung

Die Kirche von Dominikus Böhm erhielt in der Vorhalle Verglasungen und Türen und im Inneren eine Möblierung für die neue Liturgie.
An die Rückwand wurde eine Konche für den Tabernakel angefügt.

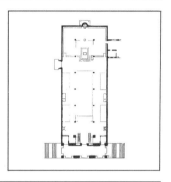

Haus Duchow
Alfter-Witterschlick

Neubau

Unter Mitarbeit von
O. Gerlach

Das kompakte, anderthalbgeschossige Haus enthielt als Ordnungselement einen Mittelflur, der bis zum Dachraum reicht.
Die Mauern sind aus Ziegelstein, außen sichtbar, innen verputzt.

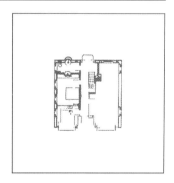

1984

Haus Bähre
Algermissen

Neubau

Das langgestreckte Haus entwickelt sich aus einer quer durchgehenden Diele.
Die Fassade begleitet eine Vorhalle. Über dem angefügten Einliegerbau liegt eine überdachte Terrasse.
Die Mauern sind aus Ziegelstein, außen sichtbar, innen verputzt.

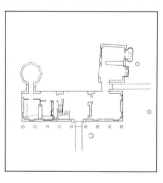

● **Haus Groddeck**
Bad Driburg

Neubau

Unter Mitarbeit von
W. Gregori

Unter einem weiten Dach steht
ein zweigeschossiger, gestaffel-
ter Bau mit oberem Umgang.
Eine zweigeschossige Diele ordnet die Räume.
Die Mauern sind aus Ziegelstein,
außen sichtbar, innen verputzt.

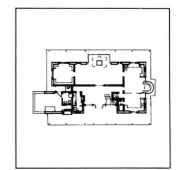

● **Haus Heinze-Manke**
Köln-Rodenkirchen

Neubau

Das zweigeschossige Doppel-
haus enthält links ein Dielenhaus
mit Innenhof und rechts ein
schmales Haus mit Wohnungen
in zwei getrennten Etagen.
Das Obergeschoß wird von
einem Laubengang gefaßt.
Die Mauern sind aus Ziegelstein,
außen sichtbar, innen verputzt.

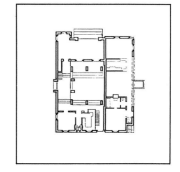

Haus Pohlmann
Neuenkirchen

Inneneinrichtung II

Weiterführung der Arbeiten, für
zwei Esszimmer, ein Gäste- und
ein Arbeitszimmer.

1985

Haus Henderichs
Erftstadt-Lechenich

Erweiterung

Unter Mitarbeit von
W. Jung

Wintergarten über der Terrasse
im Obergeschoß eines Reihenhauses der 60er Jahre.

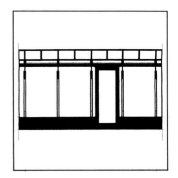

Pannier
Rheinbach

Ladenumbau in Zusammenarbeit
mit G. Sugianto

In einem alten Fachwerkhaus
wurde, bei Erhaltung der
Fassade, eine feingliedrige
Stahlgalerie eingebaut.
Eine zurückgesetzte Glaswand
läßt im Erdgeschoß einen
Vorraum als Element eines
gedachten Arkadenganges
entstehen.

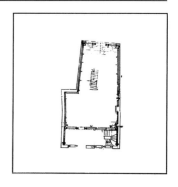

Haus Bischer
Köln-Marienburg

Projekt

Ein zur Straße hin zweigeschos-
siges Dielenhaus, eine ein-
geschossige Arztpraxis und ein
Studio umschließen einen
Innenhof mit Wasserbecken.
Ein Heckenabschluß im Garten
erinnert an ein barockes
Nymphäum.

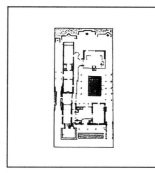

Haus Dattel
Köln

Projekt

Ein großes Dach auf Stützen
mit verglasten Seitenwänden
überspannt zwei hintereinanderliegende, getrennte, zweigeschossige Raumkörper.
So entsteht an einer Längsseite
ein Flur mit Zugang zum Obergeschoß an der anderen Seite
und zwischen den Räumen eine
Bildergalerie.

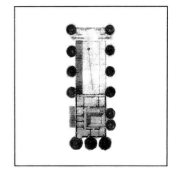

Stadtbücherei
Münster

Wettbewerb in Zusammenarbeit
mit G. Sugianto und E. Zielhofer

Bibliothek und Museum sind auf
den unregelmäßigen Grund-
stücken der Altstadt als schmale,
dreigeschossige Giebelhäuser
entworfen.
Sie lassen Wege, Durchblicke
und einen Platz frei.

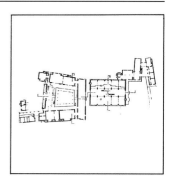

Haus Nobbe III
Alfter

Projekt

An der Grundstücksmauer
entlang betritt man den Bereich
zwischen den Garagen, grade-
aus zu einem schmalen zweigeschossigen Giebelhaus und
links durch einen Atriumhof zu
einem eingeschossigen Flurhaus.

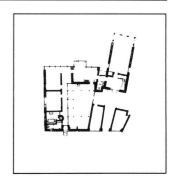

1986

Neugestaltung Burgberg
Bad Münstereifel

Wettbewerb in Zusammenarbeit
mit G.Sugianto

Vierseitige Umbauung des
inneren Burgplatzes, um einen
maßstäblichen, geschlossenen
Raum zu gewinnen.

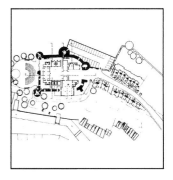

227

Kirche Maria Meeresstern
Borkum

Wettbewerb

Die vorhandene neugotische Kirche wird in der Nutzung umgedreht. Mit abfallendem Fußboden wird sie zum Querschiff des neuen Saalbaus, an den ein weiterer Querarm und ein Turm angefügt ist. Damit entsteht eine lange Straßenfront, die durch eine Arkade ergänzt ist. An einen Innenhof schließen Gemeinderäume an.

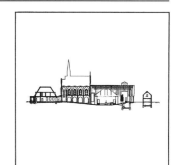

Haus Wuttke
Swisttal-Ollheim

Projekt

Das langgestreckte Haus ist ein Atelier. Unter dem Podest liegt die Küche.
Das Haus ist aus Ziegelstein. Parallel dazu liegt abgetrennt ein 2m breites, verschaltes, gelb gestrichenes Holzhaus für die übrigen Räume.

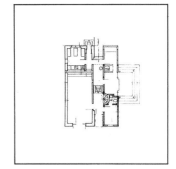

Kath. Pfarrkirche St. Paulus
Timmendorfer Strand

Umbau und Erweiterung
Projekt

Unter Beibehaltung einer Mauer sollte der kleine Raum völlig umgebaut werden:
Erhöhung des Raumes, Anbau eines Seitenschiffes mit Empore und Erweiterung mit einem Atrium.

1987

Haus Gsell
Efringen-Kirchen

Neubau

Unter Mitarbeit von
E. Marzusch

Das anderthalbgeschossige Atriumhaus sollte durch eine Diele erschlossen werden.
Es war außen in Bruchsteinmauerwerk, innen in Ziegelstein geplant.

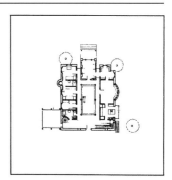

Haus Papachristou
Bornheim-Walberberg

Neubau

Unter Mitarbeit von
R. Küppers,
S. Repkes

Die zweigeschossige Diele erschließt die seitlichen Räume und den eingeschlossenen Hof.
Die Raumordnung ähnelt dem Haus Heinze; jedoch liegt die Treppe zentral und verschließt den Blick zum Hof.
Über dem massiven Ziegelbaukörper ist das Dach durch eine ringsum verglaste Arkade abgesetzt.

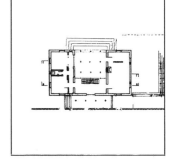

Haus Nobbe IV
Alfter

Projekt

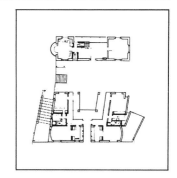

Alte Schmiede
Swisttal-Ollheim

Renovierung eines alten
Fachwerkhauses

● **Haus Helpap**
Bonn

Umbau des Gartenhofes und
der Innenräume

Unter Mitarbeit von
I. Schwers

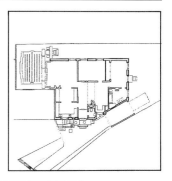

● **Turm St. Willibrord**
Mandern-Waldweiler

Neubau

Letzter Bauabschnitt der Kirche
in Ziegelstein.
(Bau der Kirche 1968)

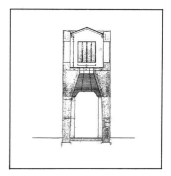

1988

● **Haus Holtermann**
Senden

Neubau

Unter Mitarbeit von
E. Marzusch,
E. Scholz

Eingeschossiges Atriumhaus in
einem Neubaugebiet mit offener
Bauweise.
Der Zugang zu den Räumen führt
über das offene Atrium.

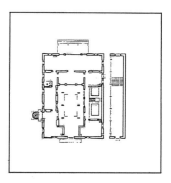

● **Haus Kühnen**
Kevelaer

Umbau und Erweiterung

Unter Mitarbeit von
C. Hoffmann

An ein bestehendes Wohnhaus
mit Arztpraxis schließt mit einem
neuen Zugang ein Atrium mit
einer Bibliothek an.
Hinter dem Atrium liegt quer ein
langgestreckter, hoher Gartensaal.

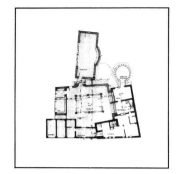

Haus Häcker
Heilbronn

Neubau

Der Winzerhof in einem Wein-
berg ist ein schmales, langes
Giebelhaus, das durch eine
offene Remise in die Bergseite
hinein verlängert ist. Eine kleine
Diele teilt die Räume: unten
Werkstatt und Küche, darüber
Wohnräume und unter dem Dach
die Schlafräume.
Der Bau ist in Bruchsteinmauerwerk ausgeführt.

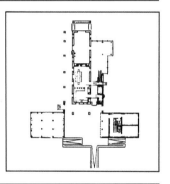

Haus Strecker
Delligsen

Neubau

Unter Mitarbeit von
R. Küppers

Der geschlossene Langbau ist im
Obergeschoß zurückgestaffelt.
Parallel dazu liegt ein kürzerer,
schmaler Trakt mit Nebenräumen
darüber ein asymmetrisches
Dach auf Mauerpfeilern. Der
vorgelagerte in das Gelände
eingegrabene symmetrische
Eingangshof wird von einer
Scheune und einem Kinderhaus,
beide in Holz, flankiert.

1989

Haus Fahlkamp
Swisttal-Ollheim

Projekt

Neugestaltung Remigiusplatz
Viersen

Wettbewerb

Haus Fenster
Bonn

Projekt

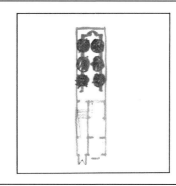 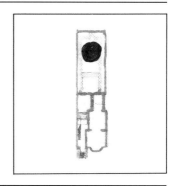

1990 ● **Haus Babanek**
Brühl

Neubau

Unter Mitarbeit von
J. Silier

Der Zugang zum Grundstück quer zur Längsachse liegt am einen Ende des Grundstückes. Der schmale Ziegelsteinbaukörper hat hohe Geschosse und ist im Obergeschoß zurückgestaffelt. Das darübergelegte Satteldach bildet mit dünnen Stützen eine seitlich durchgehende Vorhalle, die völlig verglast ist.

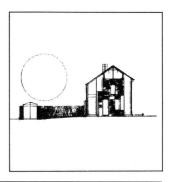

Haus Nobbe V
Alfter

Umbau und Erweiterung
Projekt

ANHANG

Biographie

Bibliographie

Fotonachweis

Biographie

1926	geboren in Krefeld
1932 – 1943	Schule
1943 – 1948	Arbeitsdienst, Wehrdienst und Gefangenschaft
1948	Aufnahme in die Klasse für Sakral- und Profanbau an der Kölner Werkschule unter Leitung von Prof. Dominikus Böhm
1952	Ernennung zum Meisterschüler
1952 – 1954	Assistent bei Dominikus Böhm
1954	Reise durch die Vereinigten Staaten, die durch Einladung amerikanischer Architeken möglich wurde
1955 – 1958	Mitarbeiter bei Gottfried Böhm
1959 – 1963	Mitarbeiter bei Emil Steffann
seit 1963	Selbständige Tätigkeit als freischaffender Architekt
1984	Lehrstuhlvertretung Prof. Georg Solms, Universität –Gesamthochschule Wuppertal
1986/87	Winter/Sommersemester Lehrauftrag Fachhochschule Trier

Architekturpreise

1975	Kölner Architekturpreis Jugendheim St. Andreas, Wesseling
1979	Auszeichnung AK Rheinland-Pfalz Kath. Pfarrkirche St. Willibrord, Waldweiler
1980	Kölner Architekturpreis Wohnhaus Stupp
1985	Kölner Architekturpreis Wohnhaus Schütte
1985	BDA Auszeichnung Nordrhein-Westfalen für Stadtreparatur

Ausstellungen

1984	„Entwerfen bis ins Detail" Technische Universität Braunschweig
1985	„Bauen Heute" Architekturmuseum Frankfurt
1988	„Entwerfen bis ins Detail" Technische Universität Braunschweig
1989	„Neue Architektur im Detail" Kunsthalle Bielefeld, mit Gottfried Böhm und Karljosef Schattner
1989	Künstlerhäuser; eine Architekturgeschichte des Privaten, Architekturmuseum Frankfurt

Bibliographie ● Texte von Heinz Bienefeld | Baumeister 12/1982. S. 1168-1169

Zur Architektur. | ARCH+ Nr. 84. 3/1986. S. 31-33

Über die Wechselwirkung zwischen Oberfläche und Raumwirkung. | ARCH+ Nr. 84. 3/1986. S. 24-30

Bauen mit Stein. Gespräch. | ARCH+ Nr. 87. 11/1986. S. 41-46

Detail. Gespräch.

● Veröffentlichungen des Gesamtwerkes oder mehrerer Gebäude

Wohnhäuser von Heinz Bienefeld. | Baumeister 12/1982

Wohnhäuser. | ARCH+ Nr. 62. 4/1982. S. 52-55

The Architecture of Heinz Bienefeld. | Architecture and Urbanism a+u. 7/1983

Manfred Speidel.
Der Vorrang des Raumes in der Baukunst.
Wohnhausgrundrisse von Heinz Bienefeld | ARCH+ Nr. 79. 1/1985. S. 32-36

Wohnhäuser | architektur (Schweden). 12/1985

Die Architektur von Heinz Bienefeld. | PROLEGOMENA 51. Institut für Wohnbau. TU Wien, 1985

QUADERNS D'ARCHITEKTURA I URBANISME. | Januar, Februar, März 1986 (Barcelona)

Architekturporträt. | Große Architekten. Häuser. 3/1986

Fassaden | Edition Detail. Band 1 Köln, 1988 Hrsg. M. von Gerkan

Treppen | Edition Detail. Band 4 Köln, 1988 Hrsg. M. von Gerkan

Ulrich Weisner.
Neue Architektur im Detail.
Heinz Bienefeld, Gottfried Böhm, Karljosef Schattner. | Bielefeld, 1989

3 Wohnhäuser von Heinz Bienefeld | db Deutsche Bauzeitung 3/1989

Große Architekten. | Häuser. Neckarsulm 1988 S. 59-70

● Veröffentlichungen einzelner Bauten

St. Willibrord, Waldweiler

Kunst und Kirche. 1/1976. S. 107, 108, 119

Art d'Eglise. 178. 1977. S. 105-111

Baumeister. 1/1980. S. 153-155

Baumeister. 4/1981. S. 105-111

Bauen in Deutschland. Stuttgart 1982.
S. 299-300

Randal S. Lindstrom. Creativity and Contradic-
tion. European Churches Since 1970.
AIA Press, Washington, D.C. 1988 S. 192

Haus Nagel

Architektur & Wohnen. 4/1985. S. 44-49

Baldur Köster. Klassizismus Heute. Berlin 1987.
S. 54

ARCHITECTURAL DESIGN. 5-6/1987

Friedhofskapelle, Frielingsdorf.

Steinmetz + Bildhauer. 11/1983. S. 899-900

Baumeister 10/1982. S. 992-993

Haus Pahde

D-Extrakt. 18/1979

L'architecture d'aujourdhui 1980 1980 S.

Annemarie Mütsch-Engel. Wohngebäude Wand
an Wand. Leinfelden-Echterdingen, 1980
S.166-167

Schöner Wohnen 10/1984. S. 166-170

St. Bonifatius, Wildbergerhütte.

Steinmetz + Bildhauer 4/1983. S. 253-155

Baumeister 19/1982. S. 994-997

Haus Schütte

architektur & wohnen. 4/1983. S. 24-29

Detail. 1/1984. S. 39-42

Die Kunst. 5/1985.

238

	Ideales Heim (Schweiz). 5/1987. S. 40-47
	Design in Köln. Hrsg. Stadt Köln. 1989.
	Dachatlas 1991. S. 304-305
Haus Stupp	Annemarie Mütsch-Engel. Wohnen unter schrä-gem Dach. Leinfelden-Echterdingen, 1982. S. 82-83
Haus Derkum	architektur & wohnen. 1/1984. S. 114-121
	DAIDALOS. Nr. 32. 1989. S. 113-117 Künstlerhäuser. Ausstellungskatalog. 1989. Architekturmuseum Frankfurt/M. S. 194-195
Opera de la Bastille	Bauwelt. 8/1984. S. 295
Haus Heinze-Manke	Baumeister. 6/1988. S. 15-21
	Perspecta 25. 1989. S. 218-225
	Detail. 2/1990. S. 150-151
	Häuser. 3/1990. S. 38-47
Haus Helpap	Detail. 3/1989. S. 226-228

Fotonachweis   Siegried Balke, Köln.

Jürgen Becker, Hamburg.

Achim Bednorz, Köln.

Christoph Heide, Aachen.

Dorothea Heiermann, Köln.

Fred Klöcker, Hohkeppel.

Sebastian Legge, Berlin.

Manfred Speidel, Aachen.

Hajo Willig, Hamburg.

Jörg Winde, Bensberg.

海因茨·宾纳菲尔德

建筑与方案

曼弗雷德·施派德尔·施派德尔　塞巴斯蒂安·莱格 / 编著　龚晨曦　张妍 / 译

出版说明

由德国建筑理论家曼弗雷德·施派德尔和塞巴斯蒂安·莱格主编的《海因茨·宾纳菲尔德：
建筑与方案》德文原版出版于1991年。尽管包括建筑师的代表作——巴巴内克住宅
在内的一些项目在当时尚未建成，但该书内容详实、制作精美，深度与广度并重，
因此即便在绝版多年之后的今天，仍被认为是海因茨·宾纳菲尔德最重要的作品专集，
是建筑师、学者以及书友公认的优秀出版物。

此次出版的中、德对照版为套装，包含原文和译文两个分册。德文册的内容和版式
特与原版保持一致，争取将此佳作之原貌呈现给读者。译文册作为辅助，编排紧凑，
通过带有下划线的原书页码和原书内容一一对应；图版部分提供原书页面缩略图，
便于直观对照图注等内容。

编者
2019年12月

目录

前言

曼弗雷德·施派德尔（Manfred Speidel）

塞巴斯蒂安·莱格（Sebastian Legge）

1991年8月

几年前我们做过一个关于光与建筑的研究，为此我们对位于奥海姆村（Ollheim），由海因茨·宾纳菲尔德[1]设计，由农场改建而成的德库姆住宅（Haus Derkum）进行了调研。课题研究的案例还包括巴洛克、表现主义和勒·柯布西耶（Le Corbusier）等。其中，宾纳菲尔德的房子是最简单的。它既没有具有雕塑感的形态，也没有戏剧性的光影体验。但它具有另一种特殊的品质。粉刷成白色的墙在阳光下泛着光，反射着光线一路上拾取的种种颜色：院子里砖块的红色、厅里混凝土地板的冷色，以及其他一闪而过的颜色。从那些只有阳光反射而没有直射的角度看起来，墙面仿佛在发光，好像它就是光源。于是围合的墙体好似舒展开来，原本清晰的边界变得通透，人开始呼吸。每个到访宾纳菲尔德设计的住宅的人，都会感受到这种清爽的呼吸和舒展的体感。

这些品质可以由一本书再现吗？

不能！读这本书只是做个准备。它也许可以引导人观察，或帮助人回忆，但它不可能替代现实，或提供现实的替代品。

因此我们决定不提供彩色照片，但会附上一些在建筑师的创作过程中起到明确作用的彩色图纸——尽管这里使用的颜色和建筑的实际情况并没有关系。

本书详细展示了宾纳菲尔德25年建筑师生涯中的19个项目，加上书后插配平面图的完整作品目录，着重展示宾纳菲尔德空间思想的发展。照片当然能更好地展现细节，但若要探讨建造艺术，空间必须是第一位的，否则其他细节都会成为单纯的"装饰艺术"。

作为第一本关于宾纳菲尔德的专著，本书也遵照他的个性，尽可能地实事求是。通过分析对他的观念和思想进行推断，就是一种努力要更接近其实质（Sache）的尝试。由于须从不同方面分别入手进行分析，因此不可能完整地呈现艺术家复杂的思维网络和无尽的探索。但它也许能帮助人们在其实质中，如同在历史当中一样找到关联，从而成为一本建筑教科书的开篇和片段。

建筑实体比建筑图纸更加有力，但建造实体本身不等同于艺术家的设想，而只是一种近似的结果。然而通过分析，我们可以提炼出概念，令它们清晰可辨。从20世纪50年代末开始，宾纳菲尔德就尝试通过对古典的研究解决建筑学的一些基本问题。在不放弃古典原则的前提下，他参透并超越了古典原则，抵达原初形式（Elementarformen）。至于这条新路引向何方，就让我们在目前正在建造中的巴巴内克住宅（Haus Babanek）中寻找答案吧。

在此，我们感谢哈尔德·朗格（Harald Lange）的校订，以及克里斯托夫·海德（Christof Heide）、彼得·克雷布斯（Peter Krebs）和延斯·温特霍夫（Jens Winterhoff）绘制分析图的工作。

1　书中多处简称为"宾菲"。——译注（除特地说明外，本书中注释均为原注）

建筑的回归

曼弗雷德·施派德尔

找寻

1926年7月8日，宾纳菲尔德出生在克雷费尔德（Krefeld）的一个工匠家庭：祖父、叔叔和堂兄弟是砌墙工匠，父亲是粉刷匠，外祖父是丝绸织匠。1942年也就是16岁中学毕业后，他决定离开学校。那时他对未来的计划已经明确，据说在职业指导的时候他表示自己想要成为"建筑师"。此外，化学，即材料及其相互反应，是他未来职业的一个备选。他当时计划着要去德累斯顿艺术学院，但是之前想先参加建造实习。

于是他来到克雷费尔德的一位工头身边实习，此人同时也是一位业余建筑师，对实习生要求很严格。冬天的工地对"乡下的小伙子"来说太冷了，师傅就带他回办公室画些防空洞的图纸。师傅眼光长远，允许宾纳菲尔德自由翻阅他的私人藏书。在20世纪20年代出版的一本建筑杂志上，宾菲发现了一张强烈触动他的照片，上面展示着一个具有神秘氛围的空间：

一个星形的空间，随着呈折叠状的内壁向上收束，上部有光向下倾泻。光线艰难地在粗糙的抹灰面上蔓延，赋予墙壁一种颇有戏剧效果的阴暗的物质性。这束光还照亮了空间中心的一个圆盘，装饰性的砖造地面首先延续内壁折叠产生的震动，之后再归于平静。"这个空间充溢着纪念性以及卓越的材料效果。"[2]

这张照片展示的是新乌尔姆（Neu-Ulm）战士纪念教堂（Kriegergedächtniskirche）洗礼堂的空间，由多米尼库斯·伯姆（Dominikus Böhm）在1924年至1927年进行了改建。1943年，宾纳菲尔德找到了一本关于伯姆的专著。这本书影响了他的一生，并伴随他直到今天。[3]

1944年，宾纳菲尔德开始服兵役，1945年年底作为战俘来到英国。在剑桥的一个青年营里，战俘可以选择课程进修。宾纳菲尔德选择了建筑。大学生们带领他完成了现代主义建筑入门阶段的学习，并参观了格罗皮乌斯1936年移民后在伦敦设计的一座住宅，彼时刚刚建成10年。

但对于宾菲，多米尼库斯·伯姆"是我的恒星，我是绕着他转的"。因此他写信给伯姆，请求加入他的工作室。回信内容有些冷淡："您回国之后再报名参加科隆工艺学校的入学考试吧。"伯姆自1926年起在此担任教授。

1948年从英国回来后，宾菲立刻去见伯姆。"他看我的作品时什么都没说，肯定是非常吃惊。最后就只说了一句：'入学考试之前去工作吧！'"

于是宾菲在家乡的一个建筑师身边工作了一阵子。他和另外两个新手一起设计了一座五层住宅楼——成果堪称灾难。

两个月后，宾菲通过了科隆工艺学校的入学考试，当时只有三四个学生被录取。伯姆的班里共12名学生，教学地点是伯姆在科隆玛丽恩堡（Marienburg）的事务所。宾菲在这里学习三年，独立做了几个设计，于1951年完成学业，成功拿到了文凭。

2 若非额外标注，本书引言均出自1990年6月与宾纳菲尔德的一次谈话。
3 J. Habbel (Hrsg.), Dominikus Böhm, Regensburg, 1943.

宾纳菲尔德被授予优秀学生奖励和两年的奖学金，他是战后伯姆的学生中唯一获此奖励的。伯姆彼时经常生病，所以宾纳菲尔德很快成了他的助教，帮忙指导学生。而伯姆的教学持续到1953年。

这段时间里，宾菲在事务所设计了很多彩色玻璃窗。1954年科隆玛丽恩堡的玛丽亚女王教堂（St. Maria Königin）的礼拜堂和洗礼堂项目中，大玻璃面都出自他的设计，但今天再提起来他就觉得做得挺丑。就房子本身来说，他只设计了砖立面：通过侧面竖砌的砖层和连续的砖缝，使砖立面表现出其不承重饰面层的本质。

1953年宾菲在事务所里参加的项目是伯姆受邀参加的圣萨尔瓦多（San Salvador）主教堂竞赛。此前，伯姆在1927年赢得法兰克福和平圣母教堂（Frauenfriedenskirche）竞赛第一名时创造了一种教堂类型：以祈祷室环绕，以高大尖塔覆盖的圆形平面。在圣萨尔瓦多主教堂的竞赛设计中，宾菲继续发展这个类型。由于1954年紧接着而来的建造合同，他在美国停留了半年。在纽约他见到了即将负责教堂施工的僧侣建筑师鲍曼（C. Baumann）兄弟。然而，有意愿为工程提供资助的西班牙教会并不喜欢这个设计，因而终止了与伯姆的合同。鲍曼兄弟当时需要优秀的设计师，宾菲本有机会留下来与他们一起工作，但他最后还是选择回到科隆。

宾菲那时也想去勒·柯布西耶的工作室工作一段时间，伯姆对此却持怀疑态度。他常常饶有乐趣地讲述当时自己参观勒·柯布西耶位于魏森霍夫住宅展的双栋住宅，因为走廊太窄被卡在里面的故事。

勒·柯布西耶不给员工发工资。宾菲在1955年已经结婚，需要养活自己的家庭，因此不能考虑没有报酬的工作。

1955年8月多米尼库斯·伯姆去世之后，宾菲在事务所工作到1958年，继续做工艺美术方面的工作。继承并领导事务所的戈特弗里德·伯姆（Gottfried Böhm）希望和他一起建立一个工艺工作室，但这个项目没有得到资金支持，因而没能实现。

在工作内容只限于设计彩色玻璃花窗的这段时间里，宾菲开始越来越多地关注古典艺术。他和同事罗尔夫·林克（Rolf Link）一起，收集古罗马建筑的资料，阅读维特鲁威，寻找古典和文艺复兴时期的有秩序的城市平面，按比例绘制德国中世纪城镇建筑和意大利16世纪别墅的图纸。

直到那时宾菲都自认是个现代主义建筑的追随者，1955年他设计自宅时运用的还是密斯式的流动空间和钢-玻璃节点。然而忽然间他就投入了"通过古典主义来复兴建造艺术"这一"无望而疯狂的追寻"。在与事务所同事的讨论中，宾菲认为，古典时期到近代早期的建筑具备"永恒有效的法则"是显而易见的。这个观点惹怒了其他同事和戈特弗里德·伯姆。

但是如果我们像宾菲那样，将20世纪50年代中期接连出现的建筑观念视作艺术的危机，那么我们就能够理解他为何要追求一个有潜力的指导思想，以此锚定自己的建筑实践。

根据宾菲回忆，1955年他在纽约时就已经对现代主义建筑的有效性产生了怀疑。

他当时的房东在州立博物馆开餐馆，有一次他问宾菲，觉得纽约哪个建筑物好。宾菲毫不迟疑地回答："SOM的利华大厦（Lever House）。"这座建筑当时建成刚刚三年，因其玻璃幕墙立面而闻名世界。

这个回答让房东有些失望："怎么说呢，你去看一下伍尔沃斯（Woolworth）大楼吧！"于是在纽约的最后一天，宾菲乘游船绕曼哈顿岛转了一圈。

伍尔沃斯大楼在天际线的一处尤为突出。它建于1910到1913年，看上去仿佛是一座哥特教堂的尖塔，而没有现代摩天大楼的样子。

宾纳菲尔德评论道："它是有内涵的。这个建筑物有力量和形式。"只有将现代主义的贫瘠理解为一种空虚，才能理解宾菲面对伍尔沃斯大楼时的体会。

如此我们自然就能够理解，那时在纽约现代艺术博物馆（MoMA）展出的17世纪的日本住宅，在宾菲的眼中简直是光辉四射：清晰自然的木造，展示出了现代主义高技之外的其他可能性。

1958年离开戈特弗里德·伯姆的事务所之后，宾菲几乎一年都没有项目。

1959年，他去了埃米尔·斯特凡（Emil Steffann）的事务所。埃米尔·斯特凡自1950年起在科隆作为自由建筑师建造教堂。他设计的教堂援引阿西西的圣方济各教堂（San Francesco in Assisi），形式简单却具有宏伟的纪念性。在那时不甚理想的大环境里，宾菲认为，相比于其他建筑类型，只有在教堂建筑里还可以实现清晰的、从历史发展而来的空间概念（Raumvorstellungen）。但是现在他知道，"这个想法错得更离谱，因为教会也不清楚自己想要什么"。

一开始斯特凡很可能不大理解宾菲的执着。宾菲之后的员工，现在内卡河畔罗滕堡（Rottenburg）的独立建筑师约翰内斯·曼德沙伊德（Johannes Manderscheid）当时以学生身份在斯特凡的事务所工作。据他讲述，斯特凡一开始以为宾菲不合群，后来却发觉，看上去牢骚满腹的宾菲，实际上只是寻根究底，想要把自己理解清楚的知识毫不妥协地贯彻下去。

宾菲也曾想到另一位战后天主教教堂建筑巨匠——鲁道夫·施瓦茨（Rudolf Schwarz）身边工作，但他认为施瓦茨的建筑太抽象、太智性，承载的含义却太少。由施瓦茨设计、1930年在亚琛建成的圣弗龙莱希纳姆教堂（Sankt Fronleichnam），宾菲一开始十分赞赏，之后却觉得很差。"像摩德纳主教座堂（Dom von Modena）那样的建筑空间，笼罩在人的周围，像宇宙。建筑空间最终应该是无限之镜像。"斯特凡的建筑让他多少有这种感觉，与斯特凡一起工作的机会对他就很有吸引力了。斯特凡亲自把设计进行到1：100的比例，事务所里的同事们则各自负责，将设计与建造贯彻下去。

宾菲负责建造了位于埃森施托彭贝格区（Stoppenberg）迦密会女修道院的一部分，以及位于波恩巴特戈德斯贝格（Bad Godesberg）梅勒姆（Mehlem）的圣希尔德加德（St. Hildegard）教堂。他在自己负责的项目中进行了细致的比例研究，坚持使用适合材料、符合传统的建造方法，如石灰砂浆的使用以及齐平的墙体砌缝。这些细节都赋予他经手的项目以特别的品质。1962年，斯特凡将科隆迦密会女修道院院落围廊深化设计的任务交给他。从设计的层面上来说，这个院落回廊和谐地衔接了斯特凡的设计与修道院现有的建筑。

彼时与伯姆共同设计圣萨尔瓦多主教堂的经历，以及这次与斯特凡的共同设计，都证明宾菲能够充分理解老师的作品。为了作品的完整统一，他可以将老师的作品当作客观标准，使自己的设计与之融为一体。

10

多米尼库斯·伯姆，
新乌尔姆战士纪念教堂洗礼堂，
1925年

11

沃尔特·格罗皮乌斯与
马克斯韦尔·弗莱，
本·莱维住宅，
伦敦，1936年

12

多米尼库斯·伯姆,
博爱教堂,科隆,方案,1928年

多米尼库斯·伯姆,
方案,主题为"复兴"的
和平圣母教堂,法兰克福,
1926年

多米尼库斯·伯姆与
海因茨·宾纳菲尔德,
立面图与平面图,
圣萨尔瓦多主教堂设计竞赛,
1953年

13

SOM,由戈登·邦沙夫特设计,
利华大厦,纽约,1952年

海因茨·宾纳菲尔德,
立面图与平面图,
自宅设计,1955年

14

卡斯·吉尔伯特,
伍尔沃斯大楼,纽约,
1910—1913年

埃米尔·斯特凡,
方济各会修道院与教堂,
科隆,1951年

15

埃米尔·斯特凡与
海因茨·宾纳菲尔德合作,
圣希尔德加德教堂,
巴特戈德斯贝格梅勒姆,1962年

海因茨·宾纳菲尔德,
回廊与住宅部分,
迦密会修道院,科隆,
1962年

老师

讲到这里，有必要说一说多米尼库斯·伯姆和埃米尔·斯特凡的建筑。

多米尼库斯·伯姆专门设计天主教堂。他通过光与影塑造一种新的神秘主义，在设计中运用三角形、尖拱、渐变的构造和装饰作为形式语言。20世纪20和30年代的艺术史学家因此被误导，把他归入表现主义和新浪漫主义的角落。如此盖棺定论，无声无息、干净利落地抹消了他的存在，也忽略了他作为建筑师真正的成就。虽然也有人强调他对教堂礼拜空间进行了新的阐释，但由于时代的隔阂，今天的我们似乎很难理解伯姆的这一贡献。

若仔细审视伯姆在两次世界大战之间设计的建筑，而先不急于将其划定为某个特定的风格，就能注意到他作品中存在着一些重要且普适的特质。这些特质如一条隐匿的线索，贯穿了宾纳菲尔德的整个建筑实践。

伯姆的建筑在环境和天空中勾勒出清晰的形状和体量，呈现为雕塑一般封闭的体块。从中开凿而出的窗拱、门拱尺寸巨大，向内凹陷。若没有这些窗拱或门拱，体量感则不复存在。

若要改建旧教堂，如位于贝吉施地区弗里林斯多尔夫（Frielingsdorf im Bergischen Land）的罗曼复兴风格教堂，伯姆会将屙弱而仿古的各个部分塑造得充满力量感与体积感。雄伟的中殿及其巨大的片石屋顶仿佛要把塔楼吞进去，同时又和塔楼一起形成了封闭的建筑体量。教堂由此定义了数个边界，在松散无定型的城市环境中构成了明确的外部空间，并统领着它周边的环境。

在建造教堂外立面时，伯姆通过清晰的收头与收边将建筑的各个部分紧密联结在一起，通过表面平整如晶体一般的体量将各种不同形状的窗户统一起来。

立面由两种不同的石材构成：一部分经过精确的切割，另一部分则呈现不规则的形状。此外，在拱券部位有致密狭长的砖砌条带。不同的材料，以及同样材料不同规格的使用，让简单的体量呈现出生动的立面划分。这种效果当然让人不禁产生疑问：这么丰富的表面仅仅是表现主义的装饰吗？但这个怀疑会立刻消除，如果仔细观察就不难发现：不同石材的使用绝对符合工艺与构造的原则。

这种使用材料的方式也出现在新乌尔姆战士纪念教堂的改建项目（1924—1927）中：古罗马建筑形式与简化的哥特样式毗邻而立，两种风格及其所对应的石材构造各自都得到了彻底的贯彻实施。教堂的入口是一个窄高的长方体，上有三个高狭而深的尖拱凹龛，形式上就如同从体量中雕凿而出。如在古罗马建筑中一般，三个尖拱之上还跨有几层卸荷拱，表面与立面平齐。与入口体量相交有一横向体量，立面主要由不规则的石灰岩砌体结构与较窄的砖砌层交叠分布。这一体量在两端各自以一个檐下装饰收头：层层向外突出的砖砌层共同构成雄壮的阶梯状横脚线，一个古典时代的建造形式就此被转变成砖砌的形式了。

从长方体与尖拱到古罗马山墙的意象转换当然让人感到意外，但从另一方面讲，它实现了从平屋顶到坡屋顶、从自然石到砖的过渡。相当厚重的横脚线层与山墙侧的檐下装饰一同将不安定的横向体量适度向上延伸，同时仍保证入口体量顶部作为立面收头的、尺度与之相当的光面自然石条带不丧失其重要地位。

对于不同风格的并置，伯姆不仅没有什么心理负担，还会通过表面材料的对比来强化各部分的差异，通过抽象的几何形式以及明确的收头处理将它们连接在一起。这令20世纪70年代以来所有不带成见地面对历史的尝试都黯然失色。

伯姆的手法是自由的，但与之密切联系的是建筑师在施工上毫不宽容的精确性以及对比例的确切感知，这能使得建筑从大到小的每个部分都相互关联。今天我们也尤其惊异于伯姆对建筑室内空间的处理：通过拉彼茨法（Rabitz）[4]实现的具有丰富折叠效果的结构让人联想到哥特建筑，光线在它轻盈、洁白的表面上展开魔

---

4 用金属网作为灰泥基底的一种工法。——译注

法一般的游戏，空间由此展现出童话般的东方风韵。

人们不禁想问：这样做真的可以吗？然而最终还是会赞叹，这种强有力的组合成功了。

可以说，伯姆是20世纪20年代教堂建筑领域的汉斯·珀尔齐希（Hans Poelzig）。他运用宏大的形式辅以丰富的体量分割，最终效果充满惊奇，极具纪念性却并不让人觉得浅薄空洞或是过度激昂。

只需想想和平圣母教堂方案里的"花瓣式"平面，或者名为"基尔库姆斯坦特斯"（Circumstandes）[5]的教堂方案中的椭圆柱形的体量，即可看出伯姆对砌筑墙体的设计充满热情又带着罗马帝国建造的风范。由此建造而来的表面全无一点死板或单调，充满着感官的刺激。

在这些项目中，装饰（Ornament）的使用似是源自天赋。相比于战后的项目，此处出现的装饰并无强加之感，也非或有或无。它一旦出现，往往体现为空间造型在细部的延伸。在这些建造和设计当中，伯姆探讨了关于建筑本质的议题，并通过与传统一脉相承的建造形式将自己的逻辑贯彻到底。

相比而言，埃米尔·斯特凡的建筑则是匿名且超越时间的。1942年在洛林（Lothringen）的布斯特（Bust）建造的社区谷仓，对于解读斯特凡的建筑理念是一个很好的范例。

由于战争的破坏，村子的中央出现了一片空地，其中的瓦砾碎块构筑起一个谷仓。谷仓"抬起的屋顶延续了旁边老房子的屋顶"，并作为广场中的一道墙；广场另外的边界则由一堵矮墙和其他较低矮的建筑来确定。[6]从外观上来看，在环境中引起注意的元素仅有它拉长的屋顶、偏离轴线设置的大拱门以及角部的一只扶壁。然而这些元素，加之在村落中的位置，以及前方的广场，共同赋予了这个建筑以尊严：并不需要额外附加什么，此处即成为村里的节日空间，兼作教堂广场。

斯特凡建筑艺术的目标在于：于给定的环境中，根据现存建筑物，识别出可以建立结构和秩序的种子，并促使其萌芽，发展壮大。

通过特别的比例，他能够让自己的建筑从日常生活的范畴脱离出来，由平凡蜕变成为特异与神圣。

在这方面，斯特凡的建筑物和伯姆的诸多设计是有共性的。只是斯特凡的设计非常克制，几乎消失在其周围的环境中，而伯姆的建筑则有意从周边环境中突出自己。这些作品超出本质的形式，显露出建筑师的偏好和想法，足以使今时今日的观者会心一笑。建筑的立面之后似能够看到活生生的性格：可以愉悦地享受生活，但生气的时候也会暴跳如雷。

在宾纳菲尔德直至70年代初期的作品中都可以看到他对伯姆的延续：老建筑被重构为清晰的形式，丰富变化着的砌体和表面体现出对古罗马的传承。但相比伯姆那仿若青年人一般的充沛与洋溢，宾菲的作品显得更均衡、更成熟。

宾菲也追求客观性。在这一方面，埃米尔·斯特凡谨慎克制的个性，以及他对更高一层价值的强调，无疑都坚定了宾菲对这个目标的追寻。

匿名性的积极意义

宾菲对古典建筑的研习引导他离开了伯姆的道路，转而靠近斯特凡的匿名性概念。这样一种严格的建筑观是通过具体的教堂修复项目逐渐发展起来的。

自1960年起，宾菲曾短时间地为锡根（Siegen）建筑师汉斯·洛布（Hans Lob）工作过。洛布与他的同事约翰内斯·曼德沙伊德（Johannes Manderscheid）对位于莱茵河畔埃珀尔（Erpel）的一座教堂进行了全面的修复。这座教堂原本是早期哥特风格，改建为巴洛克风格之后破坏了原有的气质。按照宾菲的设计，中世纪巴西利卡的空间品质得以严格地重塑。不论以当时或者今日的标准判断，这个设计都无意再现历史，而是试

---

5   或Circumstandes，拉丁语，意为"环绕而立"。——译注
6   ARCH+ 72, 1988, S. 24.

图塑造建筑当中一个曾经存在过但其风貌在日后却不可重复的核心部分。

为了在不扩建、不拆除原有的圣坛的前提下容纳更多来访者，宾菲恢复了教堂侧殿上方的楼座，并加建了一个前厅，即如今的工作日祈祷室。中殿的高窗和侧殿的窗口都被改成罗曼建筑的规格，管风琴楼座进深缩减一半。如此一来，空间原本的效果得以通过美好的韵律再度显现。入口小厅以及圣器室都被辟为单独的体量，表面使用与教堂主体相同的工法：自然石砌体，砌缝与外表面平齐。这两个体量的尺度明显表现为从属关系，在教堂周围创造出明确而美的外部空间。

这次修复中，宾菲没有为教堂绘制没有把握而只能臆想的复原图。如果必须为设计增补什么的话，他更倾向保持中立，这种中立就排除了发明新形式的可能。

宾菲并不执着于生产一些"自己的"东西。他更喜欢通过自己的工作使他认为有价值的建筑变得完整，而不是通过一些新的、个人化的形式去肢解它们。他过去一直认为这样的做法是正确的，今天仍旧这样认为。当然也许会有人说这是胆小怕事，但如果宾菲从现有的建筑中觉察出美，那种美就具有更高的价值。

宾菲得到的第一个大的委托项目，是1963年对位于伍珀塔尔 - 埃尔伯费尔德（Wuppertal Elberfeld）的圣劳伦提乌斯教区教堂（St. Laurentius）的修复。在这个项目中，宾菲依然坚持了自己的原则。

这是一座新古典主义风格的教堂，根据卡尔·弗里德里希·辛克尔（Karl Friedrich Schinkel）的学生阿道夫·冯·瓦格德斯（Adolf von Vagedes）的图纸始建于1828—1835年间，后在战争中被烧毁，1945年被重建但结果不甚理想。值得肯定的是，第一次重建没有将19世纪末期添加的新文艺复兴风格的装饰再次强加在这座三开间拱顶厅式教堂（Hallenkirche）[7]上。然而据宾菲说，这一次重建的效果呈现出一种木制的"新纳粹式风格"。为了向瓦格德斯的原作靠近，宾菲为方柱柱头以及墙体的上端结尾处设计了与原作类似的，由齿状装饰和玫瑰花环雕饰组成的古典檐线。

教堂入口上方的大圆拱窗，通过方柱实现了古典的三分。宾菲设想主祭坛后方应该有一个同样的窗户，但最终没有实现。此外他还设计了一个古典的高祭坛，一样没能造出来。在一张老照片上可以看到，入口门厅上方的管风琴楼座，朝向中殿一侧由两个多立克柱式的柱子支撑。这个楼座由古典的方格天花、两根圆柱、巨大的牛腿、扶手以及镶嵌于其中的管风琴背页（Rückpositiv）[8]共同组成。它就算是宾菲研习古典建筑的出师之作了。

来访者可能不会注意到此处有什么特别。在这样一座新古典主义的教堂里，古典的建造形式一方面显得理所当然，另一方面也附属于新古典的风格。这一部分楼座连同棋盘格的大理石地板一起，表现为严格的新古典主义。只有野蛮又多余地新加在圆柱之间的铁栅栏门在此显得格格不入。

"宁要极其的精准，也不要现代的简化。"在这样的信念下，宾菲和当时已经成为自己员工的曼德沙伊德以万神庙为参考，制造出这两个多立克柱。结果非常成功，连专业人员都以为这是新古典主义的真迹。

涡纹牛腿不属于多立克柱式，而是源于科林斯柱式。为了其形式和比例的协调，宾菲也花了相当大的力气：图纸上不计其数的推敲都不能让他满意，这个细部最终是在修复工程的现场敲定的。此处效果就算还不至于被称为断裂，但两种柱式的相遇还是让人惊异。尤其遇到的是这两根尺度极度精准、用料非常考究（外表面抛光的仿大理石石膏工艺）的多立克柱子，处在这样一个简约的建筑里，看起来仿佛是个战利品（Spolie）[9]。

此外，方格天花与牛腿之间建立起尺度上的关联，牛腿则在楼座以下的古典复制品与楼座以上的管风琴之间建立了一个强有力的休止符，由此缓解了两个形式领域之间的冲突。

7　多开间的教堂，各个开间的高度相同或相近。——译注
8　管风琴的部件，由一个外壳包覆一组音管，通常位于管风琴手背后，整合建造在楼座的扶手上。——译注
9　起源于拉丁语spolium："掠夺，缴获，从敌人处得到。"指从老建筑或者其他前时期文化中获得的残片（如浮雕、雕塑、缘饰、柱身或柱头）被重新利用在新的建筑里。——译注

另一方面，楼座两侧向外延伸，其基部也向外悬挑，在两个圆柱限定的巨大的柱间（Joch）[10]里构成了一个完整、优美且独立的几何体组合。

这一处细部与新古典主义的美学相承，同时也预示了这座建筑里即将出现的新的建造形式，如墙面洞口的三分结构，以及在传统方式砌筑的墙体或老墙体中出现的金属部件。然而确实，那仿佛从别处来的古希腊柱子和这些新的、离散分布的"现代"构件比起来，从新颖和精确的层面上讲是不分高下的。

然而这处古典的建造在宾菲的作品中却是孤例。一方面，他认为现在的工匠已经不能按照古代的标准进行制作，建筑师也无法按照古典的标准进行设计而不显得乏味，"他们已经不再像古时的人们那般拥有灵活变通的能力"；另一方面，"只要我想（做某种风格），我肯定能做得出，这是我的一种能力。我能够为多米尼库斯·伯姆在霍恩林德（Hohenlind）的医院教堂设计新的玻璃窗，没有人看得出它们是新的。我也能建造出一座斯特凡的或者勒·柯布西耶的教堂。在已有的建筑中寻找法则并且充分理解，这是我性格的一部分"。

如此，宾菲在对风格的讨论（Stildiskussion）之外延续自己的建筑观念。这样的倾向往往出现在19和20世纪之交过后的建筑作品中，有一些建筑师既不参与青年风格派（Jugendstil）的革命，也不参与之后的现代主义运动，却在实践中致力求新。

特奥多尔·菲舍尔（Theodor Fischer）1905年于加格施塔特（Gaggstadt）小镇建造的教堂就是这样一件作品。它充分地融入了当地的村庄景观，其外观的母题却并不是从周围环境中产生的，可以说是一个让人吃惊的例子。

在升起的中殿前方，先是可以看见一道矮墙以及容纳入口的凸室（Erkerbau）[11]。事实上建筑的年代并不久远，但从这个细部上看起来却恰恰相反：就好像它先存在于此，而后村庄围绕它而建。

弗里茨·舒马赫（Fritz Schumacher）1914年在汉堡购置了一栋19世纪中叶建造的新古典风格的市民房屋，并且"添加了一个由四个多立克柱子支撑起的、贯穿整个立面宽度的阳台"。这个细部被理解为"这座房子的名片"，表明了"他所接受的古典人文教育"。[12]然而这个细部让我感到惊讶的原因却是，如同宾菲在埃尔伯费尔德的圣劳伦提乌斯教堂项目中设计的细部，这个新添加的阳台细部看起来也像是"真的"，就像是和这座新古典主义晚期的房屋一同设计的。

如果仔细看就会发觉，这些柱子不仅让原本普通的立面显得更丰富，而且还让底层和地下一层从视觉上成为一个整体。立面的比例也由此显得更清晰、更优雅：上部接近正方形，下部是一个扁平的、比例为3：5的长方形。

古典对于很多当时的建筑师来说只是作为风格的运用，对舒马赫来说却如长生不老药一般，能够激起重新发现古老法则的向往。

相比于老师多米尼库斯·伯姆与埃米尔·斯特凡，宾纳菲尔德在自己的建筑实践中聚焦的是如下几个概念：主动让自己的建筑匿名并从属于已有的艺术作品；充分理解以至能够运用其他建筑师的设计思路；精准复制古典建筑形式，在不损伤古典秩序的同时力求灵活变通。

---

10   指空间里四柱限定的空间，或立面上两柱之间限定的表面。——译注

11   指建筑上单层或多层、有围合且有顶、从立面或角部突出来的部分。——译注

12   Manfred F. Fischer, Fritz Schumacher, Hamburg, 1977, S.16.

"没有人知晓多米尼库斯·伯姆的成就。"
——海因茨·宾纳菲尔德

16

多米尼库斯·伯姆，
立面窗洞，
位于弗里林斯多尔夫的教堂，
1926年

多米尼库斯·伯姆，
住宅区教堂，美因茨-比绍夫斯
海姆，1926年

17

多米尼库斯·伯姆，
立面、前厅、横向体量以及
室内空间战士纪念教堂，
新乌尔姆，改建，
1924—1927年

18

多米尼库斯·伯姆，
基尔库姆斯坦特斯，方案，
1922年

埃米尔·斯特凡，
布里特的谷仓，洛林，方案，
1942年

19

汉斯·洛布与海因茨·宾纳
菲尔德合作，教堂与圣器室，
莱茵河畔埃珀尔，1960年

海因茨·宾纳菲尔德，
窗细部，弗里林斯多尔夫墓地
教堂，1970年

20

海因茨·宾纳菲尔德，
拱顶柱头处新的古典檐楼，
圣劳伦提乌斯教区教堂修复
项目，伍珀塔尔-埃尔伯费尔德，
1963年

立面，圣劳伦提乌斯教区教堂

21

楼座以及以仿大理石石膏工
艺制造的多立克柱子，圣劳
伦提乌斯教区教堂

22

希奥多·费舍，
基督新教教堂，加格施塔
特，1901—1905年

Theodor Fischer, Evangelische Kirche, Gaggstadt,
1901–1905.

tragen des Brüstungssockels mit den beiden Säulen zusammen einen anmutigen und selbständigen, in sich abgeschlossenen Figurenkörper in den großen Joch.

Das schließt an die Ästhetik des Klassizismus an und bereitet die späteren Bauformen vor: die dreiteiligen Gliederungen der Öffnungen in den Wandflächen, die neuen Metallelemente in einer alten oder traditionell gefertigten Backsteinmauer; ja, die fremden griechischen Säulen sind in ihrer Frische und Präzision und ihrer eigenständigen Figurenbildung den späteren, aufgelösten, "moderneren" Baugliedern absolut ebenbürtig.

Diese Antiken-Konstruktion bleib jedoch einmalig. Bienefeld meint heute: Weder können Handwerker die strenge Antike herstellen, noch kann der Architekt sie einfach "entwerfen", ohne steril zu wirken, "weil man nicht das Variationsvermögen der Alten hat". Andererseits ist es "Teil meines Könnens, daß ich machen kann, was ich will. Ich konnte für die Krankenhauskirche in Hohenlind von Dominikus Böhm einige neue Glasfenster so entwerfen, daß niemand sie von den alten unterscheiden konnte. Ich könnte auch eine Kirche von Steffann oder von Le Corbusier bauen. Gesetzmäßigkeiten an vorhandenen Bauten herauszufinden und mich vollkommen in sie einzufühlen, ist Teil meines Charakters."

Bienefeld weist denn Architekturvorstellungen jenseits der Stildiskussionen fort, die wir bei Baumeistern nach der Jahrhundertwende finden, die nach Neuem suchten, aber nicht die "Revolution" des Jugendstil und später der "Moderne" mitgemacht haben.

So ist Theodor Fischers Kirche in dem kleinen Ort Gaggstadt, 1905, das verblüffende Beispiel für eine sich in das vorhandene Dorfbild inte-

grierende Architektur, die doch nicht ihre Motive dort hernimmt.

Die Stützmauer die Kirche mit dem Erkerbau für den Eingang, über dem sich das Schiff erhebt, sieht so aus, als wäre sie zuerst dagewesen, und das Dorf hätte sich darum gebildet und nicht umgekehrt.

Als Fritz Schumacher 1914 ein klassizistisches Bürgerhaus aus der Zeit um die Mitte des 19. Jahrhunderts in Hamburg erwarb, setzte er "in einen durchgehenden Balkon (davor) der von vier kräftigen dorischen Säulen getragen wird." Das wurde als "Visitenkarte seines Hauses" interpretiert, die "seine klassische humanistische Bildung dokumentiert". "Aber das Erstaunliche für mich ist, daß – ganz wie bei der Elberfelder Laurentiuskirche Bienefelds – der

Fritz Schumacher, Eigenes Wohnhaus, Hamburg,
1914. Umbau.

klassizistische Balkon aussieht, als wäre er "echt" und mit dem Bau aus dem späten Klassizismus zusammen entworfen worden.

Betrachtet man den Bau genauer, dann geben die Säulen der gleichförmigen Fassade nicht nur eine Bereicherung des Erdgeschoß und der Keller werden dadurch auch optisch zu einem Element zusammengefaßt und die Proportionen der Fassade eindeutiger und nobler, oben nahezu ein Quadrat und unten ein liegendes Rechteck im Verhältnis 3:5.

Bei Schumacher erscheint das Klassische nicht als Applikation, wie bei vielen seiner Zeitgenossen, sondern als Lebensweise; das eine Sehnsucht nach der Wiederentdeckung alter Gesetzmäßigkeiten erfüllt.

Anonymität und Unterordnung unter ein vor-

handenes Kunstwerk, die Einfühlung in die Arbeitsweise eines Meisters und die Exaktheit beim Rezitieren antiker Bauformen bei gleichzeitiger Suche nach den Variationsmöglichkeiten klassischer Architektur, ohne ihre Ordnungen zu verletzen, das sind Konzeptionen, welche viel enger gefaßt erscheinen als die baumeisterliche Praxis der Lehrer Bienefelds, Dominikus Böhn und Emil Steffann.

23

弗里茨·舒马赫，
自宅改造，汉堡，1914年

22

23

古典

　　在位于伍珀塔尔 - 埃尔伯费尔德的圣劳伦提乌斯教区教堂项目里，宾菲使用了多立克柱式。这个项目令他意识到，古典柱式的实现需要大量脑力和建造工艺上的投入。为了在日后的项目中避免再出现这种"仅是形式的游戏"，宾菲以探索古典的原则为己任，并使之成为自己的一种方法，从中发展出新的建筑形式。

　　1966 年，在位于韦瑟灵（Wesseling）克尔德尼希（Keldenich）的威廉·纳格尔住宅（Wohnhaus Wilhelm Nagel）初始设计稿中，宾菲在一个帕拉迪奥式"圆厅别墅"的旁边详尽地绘制了一个对称的罗马式中庭住宅。风格上正确的古典建造形式都表现在了草图中，如柱式、檐口、浮雕带。而实际建成的房屋非常紧凑，又变得更像一个帕拉迪奥式的别墅，其中只能找到对古典建造形式的暗示。

　　通过砖砌法的切换，通过凸出的线脚以及边缘线，在露明的砖墙砌体上，古典建造形式被转变为收边和阴影线的美学功能。

　　宾菲在1986年的采访中解释了他对古典的理解[13]：

　　"在（纳格尔住宅的）设计过程中，派生并归属于古典柱式的古典风格构件变得不再可信。具有古典外观的建筑物，每个单独的部分必须进一步地被充分表达。从整体到细节都必须得到充分的贯彻。"新古典主义的词汇在今天不再可信，"但并不是说从思想体系上，而是从手工艺上、从艺术的可能性上，古典的解决方案不再可行。新古典主义用石膏取代古典风格构件，这种行为牺牲了建筑建造的真实和逻辑，牺牲了各个部分的和谐统一。剩下的只是形式的游戏。"

　　"我很重视建筑形式的开始和结束，并试着不让它们处于不受控制的状态。

　　"一堵砌筑墙体首先是一个表面，它有一个开端和一个结尾；有开口，也许在右或在左，在上或在下——这是基本问题。任务就是，确定开口，清晰界定边缘，开口和墙面比例彼此合宜，最终使得整个墙体有明晰的结构。这就是建筑的基本问题。

　　"一个方柱由三个部分组成：基座、柱身和柱头；屋顶则有屋檐和屋脊……至少根据古典的观念，每一个建筑构件都有一个开端和一个可见的收尾。

　　"为使建造形式之间的边界真实可信，需要花费大量的时间推敲设计。最后要达到在技术和艺术的层面上，每一个微小的接缝都有正确的尺寸，正确的比例处于正确的位置——这就是我所说的真实可信。

　　"设计细部的时候，支撑与被支撑相遇的每个点（角部、门、墙、窗等等），以及每个动作的方向、起点和终点，都必须形成特定的关系，特定的尺度。就是这些造就了具有艺术价值的作品。

　　"借用近一个世纪内为业余建造者和专业建造公司编制的初级教程里的一句话来说明：'建造形式的目标是把建筑组成部分的开端、实效和结尾，以及它们之间的互相关联，以一种每一个受过教育的人都可以理解的方式表达出来。'"[14]

　　关于宾菲提到的设计原则，我想用几个概念补充一下。亚历山大·楚尼斯（Alexander Tzonis）与利亚纳·勒费弗尔（Liane Lefaivre）在《建筑中的古典原则》（*Das Klassische in der Architektur*）[15]一书中对这些概念有详尽的阐述。他们并没有将古典作为风格概念进而讨论其规律，而是将注意力更多聚焦在古典建筑的形式制约（die formale Gebundenheit）上。这个思路基本符合宾菲对于古典的理解，能够帮助我们进行更深一步的研究。

　　古典建筑的第一个特征是处处贯彻的三段式（Dreigliederung），楚尼斯和勒费弗尔借用修辞学的概念称

13　ARCH+ 87, November 1986, s. 41ff.

14　A.Scheffers, Architektonische Formenschule, Leipzig 1862.

15　Alexander Tzonis und Liane Lefaivre, Das Klassische in der Architektur, Bauweltfundamente 72, Braunschweig 1987.

之为"三升调"（Dreihebigkeit）[16]。"三升调这一概念强调建筑之外与建筑之内两个世界的区别。这个概念将建筑划分为三个部分：两端的边缘部分以及被限定出来的中间部分。"三升调的原则延展到建筑的各个部分，包括柱式以及柱式本身的次一级部分，从而建立起贯彻统一的结构：一座古典建筑首先可以分为檐部、柱子和基座，具体到柱子被分为柱头、柱身和柱础，檐部被分为额枋、檐壁和檐板，直到最小的元素如额枋通过叶状花饰或串珠饰一类的缘饰分为三个部分。

　　说到古典建筑，我们一般会想到柱式或源属（Genera）[17]。通过固定的雕刻装饰以及特定的比例，我们可以辨别出多立克、爱奥尼和科林斯柱式。

　　在这些规律的背后却蕴藏着更全局的目标。就如同音乐家谱写旋律通常都在某个特定的调性下一样，建筑中的每一条边和每一个形式都可以通过模数与比例确定，从而处处相互关联。我们今天能够知晓这些规律都要感谢维特鲁威，是他在公元前30年著书记录。显然当时对这些规律的感知与掌握面临着失传，而他希望维持建筑构成的协调，甚至希望达到完美无悖之和谐（Widerspruchsfreiheit）。也许是出于对混乱无序或是任意滥用的恐惧？毕竟神话故事里如此这般强调，柱式或源属的起源是诸神或者和谐的人体。

　　18世纪，通过精确的测量人们才得知，每一座古典建筑都有它自己的比例规则，每一种柱式在保持自身特征的前提下也都有一些调整的余地。模数明显具有自由度，一种柱式到另一种柱式的转换当然也是可以的。

　　这个事实基本符合宾菲的判断。他确信在古典建筑的建造中存在着规则，但同时也认为规则内的模数有一定的自由度，而这个自由度也是规则的一部分，就算今天的我们无从得知其具体的规定。

　　因此就算帕提农再怎么美，宾菲也不会把它一整个地从规则手册里援引出来模仿。他只希望能向着古典建筑这个假设的规则更靠近一些。如果不拘泥于柱式，就像宾菲对纳格尔住宅的设计，完美无悖之和谐的原则也就失去了它的基础。

　　宾菲找到方法，来表现建筑各部分承载与加载的相互关系，且不论从构造还是从人眼的观察，都"合乎逻辑"。于此他援引新古典主义最重要的理论家卡尔·弗里德里希·辛克尔于1825年为一本建筑教科书撰写的概要：如果能够"探寻著名古代文化（古希腊）和谐发展之内在关联的残余，并寻得逻辑自洽的艺术生活赖以存在的线索与起源"，则正是"寻求于现时代任务中合理运用"之时。"为使建筑展现其美，必须接受以下的原则：建筑构造之重点部位必须全部可见……构造部件可见之特性赋予建筑生气，各部件因特定用意相互连接，相互支持。视线所及，可见的各部分均有存在的意义，愉悦的观感由此而生，伴以宁静、坚固、安全之感……"[18]

　　除了清晰定义边缘而产生的三升调，以及结构之于人眼的逻辑之外，古典建筑还有另一个原则：通过规律布置构件对建筑体量进行划分，我们称之为排列（Taxis）[19]。

　　排列是经由网格产生的，在它的作用下，承重或分隔构件如圆柱和方柱以及其间的空间组合成一种特定的相互关系。简言之，就是指有节奏地布置墙体与开洞。宾菲是这样表达的：墙体划分必须令"不同的表面彼此相关联而形成某种特定的形式"。从威廉·纳格尔住宅（1968年）有规律的立面，到贝雷住宅（Haus Bähre，1989年）和巴巴内克住宅（Haus Babanek，1990年）带有窗洞的砌体墙与纤细钢柱拱廊的鲜明对比，再到规律与不规律的叠加，这些项目共同勾勒出宾菲坚定不移地追求可调制秩序的历程。

　　楚尼斯和勒费弗尔还指出了古典建筑的另外一个特点，即其自成一体（Abgeschlossenheit）。

16　英文版《建筑中的古典原则》（*Classical Architecture: The Poetics of Order*）中三段式的术语为tripartition；Dreihebigkeit只出现在德译本中。——译注

17　拉丁语，是维特鲁威在《建筑十书》中使用的概念，由亚历山大·楚尼斯与利亚纳·勒费弗尔在《建筑中的古典原则》一书中用来替代通用的"柱式"这一概念。——译注

18　Gerd Poeschken, Karl Friedrich Schinkel, Das Architektonische Lehrbuch, München 1979, S.58.

19　古希腊语τξι，是取自亚里士多德《诗学》的概念，由亚历山大·楚尼斯与利亚纳·勒费弗尔在《建筑中的古典原则》一书中延伸用来分析古典建筑的形式制约。——译注

这是指将建筑看作自我完全的、形式上尽善尽美而独立于周围环境的小世界。这是对古老的神圣领域，即古希腊"圣地"（Temenos）的世俗化与美化。

古典时代的作者们还认为，"建筑排除所有内在矛盾并形成完整的世界"，以及"建筑脱离庸常而成为不凡"也都是圣地的特征。虽然宾菲的所有建筑都处在城市空间中，但它们难道不都毫无例外地、挑衅似地保有着这些特征吗？

三段式的原则、诚实的构造、有规律的布局以及自成一体的美学，都是宾菲从古典建筑里吸取的基本元素，他也将它们实现在自己的设计中。但为了使设计真正成为建筑，还需探讨以下四个主题：空间、建筑形式、比例和材料效果。

24

海因茨·宾纳菲尔德，
立面与通过中庭的剖面，
威廉·纳格尔住宅，
韦瑟灵-克尔德尼希，1966年

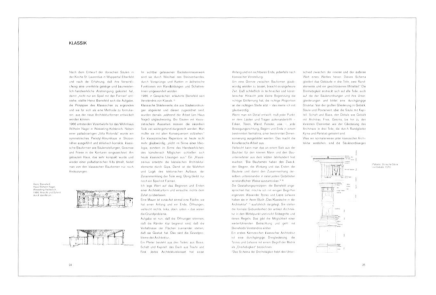

25

帕拉迪奥，
带有檐部的多立克柱子，
1570年

26

海因茨·宾纳菲尔德，
中庭里的砂岩方柱，
霍特曼住宅，森登，1988年

27

伊势神宫内划定的一处
神圣领域，日本

建筑

空间

"建造艺术真正的目标是营造空间"——这是 1913 年由弗里德里希·奥斯滕多夫（Friedrich Ostendorf）所著的《建造六书》（*Sechs Bücher vom Bauen*）第一卷的开卷语。[20] "……设计意味着：为建造计划找到一个最简单的表现形式。在此，'简单'当然意指建筑的组织，而非建筑的外观！" [21]

此书第三版的出版人萨库尔在撰写的前言里用一个问题补充了这个观点："建筑师要如何去设计一个空间组合（Raumgebilde），或者说，一个空间组合应当具有什么特征，才能让其中的观者获得对空间的理解（räumliche Anschauung）？" [22]

"简单的组织"和"对空间的理解"作为建筑的目标（而不是作为一项任务去服务舒适性或者效果）。宾菲完全地吸取了这个观点，在此他不停地援引奥斯滕多夫的文章。奥斯滕多夫称空间思想的实现为"一种借由建筑材料达成实体外观的艺术"。[23]

对此宾菲使用概念"有序的空间"或者"空间秩序"，为经过了教化的人类竖立了更高的目标。奥斯滕多夫认为，巴洛克建筑达到了空间艺术的顶峰，一个重要的空间模型来自 18 世纪法国侯爵的府邸，其前厅与客厅共同构成平面的焦点空间。宾菲则在古老得多的古罗马中庭住宅、在帕拉迪奥的厅式别墅、在中欧中世纪城镇无名的中廊式（Flurhaus）和中厅式房屋（Dielenhaus），当然还在柏林新古典主义气派的建筑里，找到了清晰的且如今仍然适用的空间秩序。

就现代的住宅建筑来说，来自以上模型的空间秩序几乎不附带特定的生活形式（Lebensform）。宾菲将它们看作笼统的模型。它们一方面因历史久远的缘故而免受社会的约束，也不隶属于特定的生活形式、工作形式（Arbeitsform），另一方面却恰恰以某种方式构建着共同生活（Zusammenleben）的一些形态。它们并非只是小资产阶级或高雅生活方式的艺术化的外壳。

接下来对这些历史上的空间类型进行简短的描述，将有助于我们审视它们之间的差异，从而理解宾菲的出发点。

罗马中庭住宅构成的是一个家庭隔绝于外界的、自治的空间组合，它拥有一个自己的统治范围。中庭就是家庭集体生活的广场，就好像熙熙攘攘的公共广场之于古罗马城市。

帕拉迪奥的厅式别墅与 18 世纪法国的侯爵府邸则构建出等级制的空间序列。帕拉迪奥式的别墅会由不再细分的中等房间和小房间围绕簇拥着前厅或凉廊、前室与大厅。大厅将这些房间彼此隔开，它既是宴会厅，平日里又作为宽敞的过厅使用。

与此相比，法国的侯爵府邸的空间形式则反映了一个差异化、系统化的社会。前厅与客厅这一对房间构成从等待空间，到接待空间，再到宴会厅的重要而清晰的序列。前厅在规模和陈设上都配合着客厅的场景，就像是隶属于主人的奴仆，同时也抬高着主人的地位，两者是难解难分的。其他各有不同的房间，甚至私人寝间都与客厅产生联系，客厅就是平面的焦点。[24]

中世纪晚期中厅式房屋主要为小店主、手工艺人或者农民所有，平面上位于中心的是过厅的工作空间与生活空间。依不同的规模与不同的布局，中厅式房屋能吸纳古罗马中庭以及帕拉迪奥式大厅的概念。

20 Friedrich Ostendorf, Sechs Bücher vom Bauen, 3. Aufl., Berlin 1918, S.1.
21 同上，S.3.
22 同上，S.X.
23 同上，S.4.
24 Nobert Elias, Die höfische Gesellschaft, Darmstadt 1983.

中廊式住宅则规定出另一种生活模型。只要走廊狭窄到不能再称之为过厅，其余房间就会被它分隔开。虽然帕拉迪奥式的大厅与过厅也会将房间分开，但走廊不具备待客或宴会的功能，相比于其他的空间秩序，走廊分隔出的房间就明显带着幽独而私密的意味。这种模型的另一个特征是，其空间的秩序和序列是穿透式的，从一边到另一边。从这个特征上说，法国的府邸的空间结构最大程度地体现了这个思想，且极其精于旨在迎接的各种仪式化的形式，而在今天就比较有局限性，不像其他的模型那样可以有多种应用。

相比于其他空间模型，法国府邸所缺少的是中立的、不专为某种特别用途设计的、富余出来的空间，如中庭、过厅与走廊，而恰是这样的一个空间能组织起整个复杂的空间结构。乍一看来，帕拉迪奥式的大厅也许不属于这样的空间，但是其他的房间在大厅的周围组织起来，却可以不通过大厅而相互连通。

富余空间与秩序空间的这种双面性，借由共同生活层面上的自由与秩序，在空间模型中造成了一种张力关系。

宾菲在住宅的设计过程中，穷尽所有可能，对空间的基本主题进行组合再通盘审视，一个目标就是要探究自由与秩序之间的关系。

为了理解这个目标，我们以纳格尔住宅四版不同的设计稿为例。

自由与秩序的关系显然无法量化，但自由感的产生却大抵来源于特定的空间形式和空间比例。在此引入四个标准：

1. 空间的延伸。

在1、2、3号三个方案里，中立空间统领平面秩序。在1号方案里，它如同一条裂缝，贯穿整个建筑；在2号方案里，它则呈现为一个从角部进入的立柱庭院，使否则将显得紧凑的空间构成得以透透气；在3号方案里，从院落到过厅再到中庭的序列占掉了大部分建筑面积，真正容纳生活功能的房间则谦虚地依附于这一组中立空间。在真正建成的4号方案里，狭窄的过厅和花园露台仅通过其横长的形状带来一些舒展的感觉。

2. 空间的多义。

多义在于是否有可能将交通空间作为生活空间，或将生活空间作为交通空间。1号方案里的圆厅体现了这种多义：可以将它看作起居空间，也可以因其四个出入口而仅将它看作是中心的过厅与宴会厅。

3. 空间的中立。

形状、大小相同的房间在功能上是可以置换的。原则上来说，1号方案里所有的房间都是中立的；3号方案里，除了浴室和面向花园的起居空间外，没有任何一个房间通过形状与大小被委以确定的功能，人仅能通过它们与浴室和起居空间较近的距离，将它们想象成是卧室或者餐厅；4号方案里，四个角部的空间则是同样大小。

4. 极性。

极性产生之处，虽有严格的秩序却仍会出现自由感。当空间序列向着两个方向，例如向内指向院子、向外指向花园时，就产生了极性。2号和3号方案里的起居空间都是这种情况。当空间序列在长轴或者短轴方向发生变化时，极性就具有了支配性地位。这在宾菲的所有作品中都能看到。

从纳格尔住宅直到海因茨-曼克住宅（Haus Heinze-Manke），即从1968年到1984年间，再到1988年的霍特尔曼住宅（Haus Holtermann）与屈嫩住宅（Haus Kühnen），宾菲通过对中庭、门厅以及长向走廊进行各种不同的组合而产生新的空间秩序，在设计的过程中他一直留心以上所提到的四种空间形式产生的不同效果。这些空间在房子形体内构成一个镂刻而出的完整空间形态，在至少一个部位显露出空间的完整伸展范围。

借由以下几例建筑的分析图，我们可以了解空间构成在构思过程中的三个步骤。[25]

25　分析图来自一份学生作业，作者为：Thomas Doussier，Martin Schreiner；Barbara Hake和Edgar Marzusch，出处：ARCH+ 79, 1985, S. 32ff.

首先绘出一个有序的、"透气"的空间形态，紧接着确定它在整个平面结构中的位置。

这样就可以很明显地看到，有序的空间是如何将其他我们日常所需的特定空间分割开，或者说区分开，再或者也可以说产生"私密的领域"。

为了将分割开的空间在观念中重新接合起来，第三步要按照轴线，在墙上一个接一个地打开门窗，由此使不同的空间实现视觉上的联系。

通过分析图将宾菲的几个作品与帕拉迪奥的科纳罗别墅（Villa Cornaro）对比，我们就能发现，从观念上来说，宾菲的这个有序的、自由的、中心的空间以及它的多种变体与帕拉迪奥使用的方法有多么相似。当然，帕拉迪奥一样也是从古典建筑中寻找到空间形态，并系统地使用在自己的别墅设计当中。

安德烈亚·帕拉迪奥，科纳罗别墅，1551—1554年

1. 方形的厅构成别墅空间上的中心，原型是古罗马的四柱厅。从方形大厅向前通过狭长的前厅即到达入口一侧，向后通过带有列柱的凉廊面向花园一侧，这样就形成了完整的空间序列。

2. 作为建筑体量中的一部分，这个序列形成了有序的空间，也成为一个封闭的世界。它像对称的钥匙孔一样，穿透了方形的建筑体量。两边有侧翼接在主楼上，为建筑的外部空间增加了层次。

横向设置的建筑体量阻挡了投向花园的视线，然而只要移步跟随通透的、纵深的空间轴线，花园就在轴线的终点作为惊喜奉上。这一横一竖之间就产生了张力。

3. 从主空间序列的三个位置能够抵达两侧的大、中、小的房间组：从方形大厅的中部，从凉廊，或从通往楼上的前室。长轴两侧被分隔开的房间正对面地开门，且继续在正对门的墙壁上开窗或者设置壁龛。这样它们之间就产生了联系，就算隔着一整个主空间，也能重新相互连接。方形厅是宴会空间，但同样也作为通道（过厅）使用。

起居室和卧室之间有直接的联系，这样就可以避开大厅。通往楼上的主要路线通过前厅实现。这样我们就可以把大厅想象为一个脱离了特定用途的空间，这个美丽的空间只是在组织其他的空间。

威廉·纳格尔住宅，韦瑟灵-克尔德尼希，1968年

1. 主要的空间组是由横过厅、起居空间和凉廊构成的序列。

这个序列从结构上近似于科纳罗别墅，也很类似柏林新古典主义的建筑。在格罗德克住宅（Haus Groddeck）中它构成了房子的核心，而在许特住宅（Haus Schütte）中，它则添加了一条走廊再次出现。在横向长方形的平面里，它构成一个竖向长方的形状，并实现了从街道到花园的过渡。

2. 住宅与后侧的储物间、车库共同围合成一个绿植小院。这个闭合的四方形在一个独栋住宅区里构成了街区的一角。

3. 如在科纳罗别墅中一样，平面四角的房间相互之间隔着过厅或是凉廊，但它们通过轴线上的开门与开窗互相联系。日常生活的活动可以不经过中间的起居空间。起居空间在横轴方向只有一个门，这削弱了它作为通道的作用，压低的天花板更强调了这一点。

帕德住宅（Haus Pahde），科隆，1972年

1. 主要的空间是一个大的长方形，其中设置了四根粗壮的方柱，以此限定了中庭的天井。被屋顶遮蔽的四边，依照各自不同的尺度与形状被用作前室、走廊或者起居室。这个空间形态是灵活多变的，在霍特曼住

宅里中庭作为通向起居室的入口空间，在屈嫩住宅里中庭则如同一个适宜居住的回廊。

2. 主空间在里出外进的体量里定义出一个清晰的形态，将建筑凝聚向内部，向外封闭。与外部世界的视线联系并非通过中庭，而是通过厨房餐厅处的凸室，它如触角一样伸展出去，而且装有水平的玻璃长窗。

3. 虽然很难觉察，但隔着主空间的两侧房间通过正对的门洞被纳入整体的秩序当中。

杜霍住宅（Haus Duchow），波恩，1983年

1. 通过一条走廊决定空间秩序。

这种空间构成也能变形，比如巴巴内克住宅中的走廊置于侧面而并非中间，贝雷住宅中走廊则变成了一个短过厅，两边各连接着一个房间。

2. 走廊从体量的中间穿过，使得房间彼此封闭。这段走廊对于一个小住宅来说也是一个奢侈的空间，由于它一直延伸到屋顶，人在其中能够体验到整个空间在高度上的变化。

3. 走廊两侧房间正对面开门，被分开的房间通过视觉重新连接在一起。

对位于奥尔海姆（Ollheim）的一栋19世纪晚期农庄的改建，则体现出宾菲是如何从已有的建筑组合中提炼出清晰的空间概念的。

房屋中央走廊里的楼梯被挪到后面通向棚圈的门斗[26]里，由此就产生了由中央走廊与短过厅组成的中立置序空间。

棚圈中间的隔墙被拆除，变作一个长向的厅。

长向的厅通过一个关节连接在有序的空间上，这样的空间形式是在这个项目里偶然出现的，宾菲日后在位于凯沃拉尔（Kevelaer）的屈嫩住宅里继续发展了这个主题，将长向的厅通过关节连接在一个中庭上。

在奥尔海姆的这个改建中，住宅与厅这两种性质不同的建筑再一次通过轴线相互连接起来。住宅中央走廊的轴线（经过少许错动之后）被起居厅里正对面打开的两个门洞，也被起居厅内侧墙壁高处的一个窗洞共同延续下去。住宅楼上的走廊里悬挂着的镜子强化了这个视觉上的联系。

另外一根轴线冲破起居厅的后墙和外面的院墙，通过接连两个狭窄的开口将视线引向院墙外模糊的远方，也将院子和起居厅从视觉上联系在一起。

在凯沃拉尔的屈嫩住宅里就没有这种轴线上的连接了，不同的体量各自封闭，彼此都微微旋转角度成为独立的个体，就好像是躯干上伸出的肢体，不需要什么特殊的构造方式却仍同属于一个整体。

位于阿恩斯贝格（Arnsberg）、尚未完全建造完成的赖希-施佩希特住宅（Haus Reich-Specht），在宾菲一系列将空间塑造为封闭宇宙的方案中可谓是登峰造极。基地上现存的建筑被变作砌筑体，由窄山墙与屋顶平台共同构成阶梯状的体量。紧邻这个体量，与之平齐布置的是同样窄山墙的玻璃房，只比砌筑体山墙稍微高一点，进深稍微大一点。

比起砌筑体，玻璃房看起来就像它精练的释义。玻璃房与开放的厅廊在两条轴线纵横相交处构成整个区域的中心。它的威严，就好像是在自然中用钢栅庇护着一处圣所。这样就产生了一个与世隔绝的、神圣的地点，只有一条边透过围墙向外敞开，容得人向内部投来一瞥。

将中心部分精心地设计为一个围合花园中的开放玻璃房子，由此就产生了敞开与封闭之间的张力。

然而，玻璃房的精致并非是"去材料化"的表达。相反地，不论是在不同截面钢构件的连接处，还是在复杂钢构内部的过渡处，结构的承、压以及玻璃的嵌入都得到了合宜的形式，人们甚至可以感受到钢栅空间上

丰富的层次。

在这个项目以及同时设计的亨德里希斯住宅（Haus Hendrichs）中，宾菲的构思中似乎有新的建筑观念代替了沿袭自奥斯滕多夫的"空间观念"（Raumidee），玻璃的外壳被连接在封闭的砌体建筑上。

砌体建筑的部分从类型上还特别符合古埃及的台阶式民房。玻璃房与砌体房并置带来的强烈对比，已经突破了对于容纳家庭生活的秩序空间的思想。在建的巴巴内克住宅即将实现这一模型。

现在回过头来看，就像海因茨·宾纳菲尔德将他拥有的空间构成语汇，也就是在纳格尔住宅早期设计草图里展现的那些可能性，经过充分设计、系统性地组合之后，不重复地在他的建筑作品中全部展示出来了。这个过程看上去与业主无关，很可能与当地的情况有关。与此同时，他的建筑和空间构成都变得越来越基础，也越来越自由。

"艺术作为品质并非是审美之抽象，而是必要且不可或缺的形式创造，符合共同生活之礼仪。越纯粹，越直接，越能摆脱隆重的幻象，即拥有越高的品质。"
—— 布鲁诺·陶特，旅日日记，1934年7月6日

28

海因茨·宾纳菲尔德，
霍特曼中庭住宅，森登，1988年

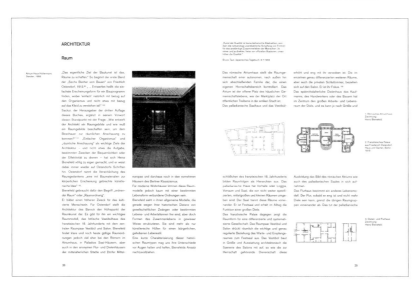

29

1.古罗马中庭住宅，
海因茨·宾纳菲尔德绘制

2.法国王宫，
摘自弗里德里希·奥斯滕多夫的《住宅与花园》，柏林，1914年

3.中廊式和中厅式房屋，
海因茨·宾纳菲尔德绘制

30

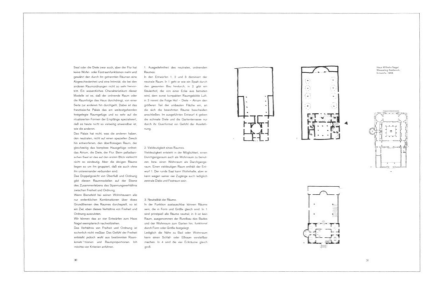

31

海因茨·宾纳菲尔德，
设计草稿，
威廉·纳格尔住宅，
韦瑟灵-克尔德尼希，1966年

32

安德烈亚·帕拉迪奥，
外立面与大厅内景，
科纳罗别墅，1551—1554年

33

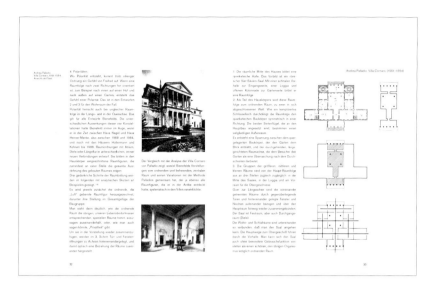

34

威廉·纳格尔住宅，
韦瑟灵-克尔德尼希，
1968年

35

帕德住宅，科隆，1972年

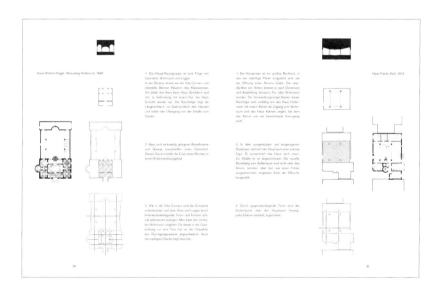

36

杜霍住宅，波恩，1983年

37

海因茨·宾纳菲尔德，
起居厅、窗口以及
楼上走廊内景照片，
德尔库姆住宅，
奥尔海姆，1978年

平面以及平面分析图，
德尔库姆住宅，奥尔海姆，
1978年

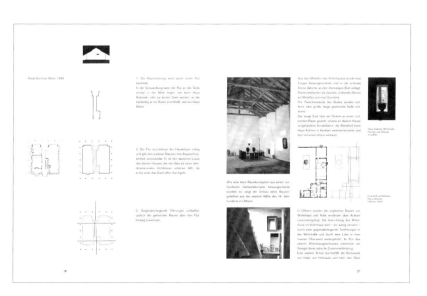

38

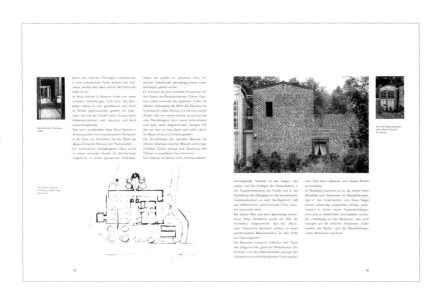

39

海因茨·宾纳菲尔德，
屈嫩住宅，凯沃拉尔，1988年

海因茨·宾纳菲尔德，
总平面草图，
赖希-施佩希特住宅，
阿恩斯贝格，1983年

东南外立面，
赖希-施佩希特住宅，
阿恩斯贝格，1983年

建造形式

　　宾菲在发展兼具秩序与自由感之核心空间形态的过程中，尝试过各种新的组合与表现形式，无论是各边界封闭的大厅，还是开放的玻璃棱锥。封闭的墙体用自然石、砖或者是两者的混合。到20世纪70年代末这些砌体都带着丰富的色彩与装饰，就像多米尼库斯·伯姆20年代晚期教堂的墙体，相似的还有以古罗马建筑为范例而设计出的许多拱与卸荷拱。在通透的墙体或是柱列处，宾菲则设计出或砖、或木、或钢材的多样的材料交替，由此而产生了相互协调的、越来越复杂的建筑形式。而对古典柱式、它的柱础与柱头的充分理解，是创造这些建筑形式绝对的出发点，也是必然的目的地。

　　埃米尔·斯特凡对于独立柱的观念同样也是重要的指南："柱子承着檩，檩上承着椽，椽上承着挂瓦条和瓦片。构件相互效力而呈现出清晰的结构关系，这样就凸显了结构里的每个部分所固有的特殊性。"[27]

　　宾菲设计的透明构造在玻璃建筑的历史上代表着一个时代的结束。这之前的一个世纪里，建筑师持续通过作品探讨到底什么样的构造才最适合玻璃。

　　1851年伦敦世界博览会的"水晶宫"是19世纪最大的玻璃房，它的出现点燃了一场持久的建筑学讨论。

　　很多建筑评论家，哪怕是对这座建筑本身赞赏有加的评论家都认为，由于缺少实体物质，钢结构一方面破坏了建筑的范式，尤其是古典的比例法则，另一方面也瓦解了空间的感知。

　　建筑评论家尤里乌斯·波泽纳（Julius Posener）在他一篇名为《空间》的论文里提到，柏林建筑师理查德·卢策（Richard Lucae）在1869年暂且将钢结构形式与古典建筑理论的冲突按下不表，转而尝试用不同寻常的情境来突出这种新的感觉："我们先试着想象，空气是一种液体，然后把这种液体灌进模子里，再把模子脱开。我们感觉到，这一块空气在模子里凝固之后，拥有了固定的形状。"卢策看到，"空间实体感的缺失"阻碍着"形式与尺度对知觉产生的影响"。[28]然而这恰恰是古典建筑所要求的。

27　Lothringer Baufibel 1943, in: ARCH+ 72, 1988.

28　Julius Posener, Reden und Aufsätze, in: Bauweltfundamente 54/55, Braunschweig 1981.

今天我们的感知习惯已经不同了，因而我们很难理解卢策的感受。

根据留存下来的图，可以看出水晶宫内部呈现出规则的网格状结构。

我不知道，若是我在这座建筑里，除了玻璃拱笼罩下的横厅以外的其他位置，是否也会觉得这里像是"浇筑成型的空气"。

也有可能是由纤细的钢柱与斜叉网状的钢梁组成的框架看起来太不稳定，哪怕在横厅处使用了双柱进行过渡，也几乎没能改变框架孱弱的印象，毕竟构件之间限定的开口太大了。

整个结构是用预制件组合的，所以不同的建筑构件，哪怕那些尺寸大一些的，都是用同样的预制件成双或成四地组合而来。这样的做法是符合建造逻辑的。

然而整个设计没有使用檐口或柱头来修正比例，这就被视作是审美上的无知了。早在1835年，辛克尔为了设计"宽阔的大厅"而采用过另外一种方式，来解决使用钢铁构件时会出现的过度纤细的问题。

屋面结构应该由纤细的钢梁组成，这样就可以在各个构件之间，包括与纤细的立柱之间，建立起比例的联系。为了不损害古典柱式的尺寸比例，辛克尔对柱子进行了竖向的划分。在短了一截的柱子上站着一截女像柱，不论是柱子还是人像，都分毫不差地符合古典比例。

19世纪接下来的时间里，玻璃房在设计上的这个难题经常通过如下的方法解决：石材制成的古典圆柱或方柱比例正确，在其上方放置由纤细构件组成的玻璃结构。一个例子就是位于布鲁塞尔的拉肯（Laeken）王家温室。在我们看来，就会觉得像是为了保护一座古典建筑而在它上面加了现代的玻璃结构似的。

我认为，直到青年风格派，艺术家才开始着手解决空间瓦解与建筑的平面及空间构成之间的矛盾。

从日本的彩色印刷木版浮世绘以及东亚的书法艺术中，他们学习到视觉的图底平衡，并进一步延伸到建筑里，使用在那些薄薄的墙体与格栅上。纤细的钢铁在虚空之中绘出图案，这样一来就弥补了实体物质的缺失。

维克托·奥尔塔（Victor Horta）在布鲁塞尔设计的住宅可谓是最彻底地贯彻了这种图案原则。梁、柱、柱头、托架都是构成空间图案的一部分，同时也帮助图案在空间中张开假想的画布平面。

除却青年风格派的形式，海因茨·宾纳菲尔德似乎还传承了他们开创的方法，他并未放弃玻璃的透明，转而在空间图案中定义平面与体量。他的做法既包含一点帕克斯顿（Joseph Paxton）[29]，即用同等的、纤细的杆件来构成整体；又包含一点辛克尔，即在竖直方向切分建筑构件。

对此我用一个例子来说明。1985年于埃尔夫特施塔特（Erfstadt）莱谢尼希区（Lechenich）的亨德里希斯行列住宅加建，需要在屋顶三面环绕的露台上加一个玻璃顶和一面玻璃墙，以将屋顶改造为封闭的暖房。

如果使用通用的铝构件来建造这座暖房的话（大致采用与宾菲设计同样的墙体分隔以及单坡屋顶），最终呈现出的会是构件粗大的格栅，或者洞口很大的框架墙。[30]

如果要在避免使用一片通长玻璃的前提下最大程度地敞开墙体与屋顶，就需要使用薄的钢构件来建造一个简单、纤细的格栅，就像我们通常在玻璃房里看到的那样。表面由此成为独立的设计要素而消失，承重构件的实体感也会一并消失。

另外一方面，为了确保良好的保温效果，需要使用隔热玻璃，也需要避免冷桥。这既要求构件的截面达到更大的尺寸，又要求使用更复杂的构造。

在这样不同要求的角力之下，宾菲寻找着他自己的解决方案。

1. 敞开表面，重新获得表面。

通过纤细的支撑构件，既可以获得充分开敞的印象，又可以在视觉上形成一个表面。这一效果主要通过

29　为世界博览会设计水晶宫的建筑师。——译注
30　接下来的分析图出自一份学生作业，作者为Jens Winterhoff。

两个步骤实现。

a. 柱子是由四个部件组合而成的矩形，上部由一个杆件将它们相互固定起来，这个杆件同时还承着一个水平的较宽的"框"。

由于柱子在截面上分为四个部件，在立面方向就产生了一道缝隙。而上部切换为一个杆件的做法，则让整个柱子在上端缩紧，看上去就像是一个柱头的负形。

b. 通过调整柱间比例，即通过精确计算柱间的距离，使柱子之间剩余的空间形成一个清晰的"T"字负形。

上端收缩的柱子以及余下空间形成的"T"字在图形平面上几乎对等，如同具有双重含义的暧昧图形。

由柱子分离的构造产生的缝隙，将透光面延伸为一条竖线。柱子与其紧邻的侧墙之间，柱子与置于两柱中点的粗壮的长方形木门框之间都形成了清晰的、窄长的钩形透光部分。纤细的柱子带着透光的缝隙，上部又缩窄，让人能感受到在其中隐现着完整的玻璃表面。

两边的柱子到墙留有一定的距离，虽然加强了开敞的效果，却又同时强调出在平面构成的游戏里比重相当的图与底的感知。传统的三升调亦被保留下来，不同的只是以（有形的）裂隙作为开端与结尾。

2. 充分设计纤细，重新获得体积感。

建造的规模很小，因而可以在柱子的构造中主要使用镀锌钢型材。由于型材只有薄片状，为了结构的稳定就需要型材角状的截面，也需要多层叠加。

这个分离构造由四组三层三毫米角钢叠加而成的构件组成，其中两组室内、两组室外，玻璃处于内外两组构件之间。四个角共同暗示出一个体积。然而角钢的角部全都朝内，朝外是截面敞开的边，这样框定出来的体积就不是长方，而是十字形的截面。每根角钢构件都有一个顶板和一个底板，这样可以把它们想象成是一个空心实体的一部分，其缺少的第四边可以用视线连接顶板和底板自由的一角而想象得到。视线的移动能够将薄片组合而成的柱子通过暗示表现为一个模棱两可的实体，其截面形状或为长方形，或为十字形。靠近观察，型材的角状截面与其间形成的空隙共同形成了视觉上的、边界与负形的张力。再加上重叠构件层层收缩，柱子与杆状部件构成的柱头，所有构件之间都通过接缝或凹槽相互脱离……这些都有助于产生体积感，是构件的体积感，也是空间负形的体积感。

3. 使用玻璃墙体，重新获得空间。

将空间感知成为一个体积有一个前提，即：墙壁、屋顶以及地面在视觉上的联系可以被觉察。

宾菲还将这些表面作为图案来设计。

建筑构件的体积感对于空间效果也很重要。对墙体与屋顶厚度的暗示能够增强其限定空间的体积感。

宾菲就此将构件确定在一个特定的截面尺寸，使其不干扰表面作为图案的整体效果。从大到小地按等级排列部件。从近处看上去体量感充足的部位，从大关系上来看，被定义为表面的一部分。远一点看，柱子与梁的体量感就呈现了浅浮雕的效果。次一级的构件非常纤巧，这样从近处看，虽然由它们构成墙体的构造非常复杂，却不致于在空间里喧宾夺主。

对棱部的处理也很大地影响了空间的效果。无论闭合或是敞开，地板和顶面都越过边缘，往墙壁里再延伸一些。地板向上拉起到墙脚处，也暗示了一个体量的存在。同样的做法也被用在顶面上，横梁上方的通风口可以视为斜屋顶向下的延伸，这是由于下面一根横梁截面尺寸更大，看上去更像是墙体真正的上端终点。

不同构件分别承担着不同的功能，这就令单个构件显得不完全，而不同的构件互相依存。在设计上，它们都从属于更高一级的整体，是一整块相互咬合的视觉拼图的一小部分。宾纳菲尔德的艺术在于，每个单独的构件看上去都是独立的，同时总是作为一个三升调美丽图案的一部分出现，同时又不放弃承载与加载的相互关系在视觉上的表现逻辑。可以想象要圆满完成这个小小的空间耗费了宾菲多少心力。

"如果将源属（Genera）当作形式元素审视，
依据其纤细匀称以及形式复杂的程度来判断归类的话，
它的诸多特征都颇为突出。"
——亚历山大·楚尼斯与利亚纳·勒费弗尔，《建筑中的古典原则》

40

海因茨·宾纳菲尔德，
圣波尼法修教区教堂，威尔德
贝尔格肖特，1974年

海因茨·宾纳菲尔德，
施泰因内院住宅，韦瑟灵，
1976年

41

约瑟夫·帕克斯顿，
水晶宫，伦敦，1851年

海因茨·宾纳菲尔德，
檐下立柱节点，
克略克住宅，霍凯普尔，
1975年

海因茨·宾纳菲尔德，
钢柱节点，
海因茨-曼克住宅，
科隆-洛登基兴，1984年

42

阿尔冯斯·巴拉特，
越冬花房，王家温室，
拉肯，布鲁塞尔，1876年

维克托·奥尔塔，
楼梯厅，奥尔塔住宅，
布鲁塞尔，1899年

海因茨·宾纳菲尔德，
山墙玻璃立面，
多米尼克住宅，博恩海姆-
瓦尔伯贝格，1983年

海因茨·宾纳菲尔德，
藤架节点，珀尔曼住宅，
诺因基兴，1983年

43

海因茨·宾纳菲尔德，
亨德里希斯住宅暖房加建，
埃尔夫特施塔特，1985年
暖房图纸：

1.剪影，假设用铝构件达到
的效果；
2.剪影，海因茨·宾纳菲尔德
的设计；
3.柱子截面形状示意图。

44

柱子的正视图与截面图，
亨德里希斯住宅暖房加建

45

玻璃屋顶节点，
亨德里希斯住宅暖房加建

46-55

比例

在建筑理论里，比例的重要性几乎没有其他概念能够比拟。

直白地说，它就是指数学中的比例，但我们却把有关和谐与统一的诸多方面都联系在这个概念上。

宾菲对比例的研究贯穿在设计从平面到立面再到细部的各个步骤中。他坚信，经由人眼的观察赋予建筑以效果的，就是比例。古典与中世纪在这方面是他一直尊崇而无法触及的典范，但那个时代的秘密却再也不会泄露了。

"帕埃斯图姆（Paestum）的波塞冬神庙（Poseidon Tempel）[31]，由沉重的材料建造而成，看起来却那么轻盈，就像是从半空中落到了那里似的。产生这样的效果一定是因为那神圣的数，它让材料都瓦解了。"

宾菲的老师多米尼库斯·伯姆和埃米尔·斯特凡在设计中也都非常重视比例，但他们却很忌讳谈起它，甚至在教学的过程中，他们也不会把这方面的心得传授给学生。宾菲一直通过自己的判断力，孜孜不倦地寻找着那"神圣的数"。

"但是距离古典和中世纪的那种品质总还是差那么一截。少的到底是什么呢？我要是知道就好了！我在试着寻找答案，但是也心知肚明，是不会找到的。"

宾菲的找寻，其实也是20世纪建筑师的重要传统：他们在黑暗中寻找着，他们相信若能找到，一定能再次赋予建筑那种在往昔具有的和谐感。

布鲁诺·陶特（Bruno Taut）和勒·柯布西耶就是两位不曾放弃传统建筑观念的先锋艺术家，他们以另外的方式看待传统的遗存，并都在自己的建筑理论中给予比例重要的地位。1936年布鲁诺·陶特在移居日本期间创作的《建筑深思》（*Architektur-Überle-gungen*）[32]中这样写道："建筑是比例的艺术。"此处并不是指在设计中使用数学比例，而是指要精心把握建筑里所有"符合共同生活之礼仪"的条件，并合宜、均衡地将它们实现在建筑作品中。

"什么是……成功的比例？……总的来说，品质（不只是比例）属于确实存在却难以定义的现象。这样的现象都是一些宇宙中的基本现象，比如生活，比如生死。这些难以定义、难以言说的，都通过艺术得到表达……技术、构造与功能早已被忘却了，比例却仍然存在，它是不死的。"是比例让建造物成为建筑。它出自艺术家的内在，经由艺术创作过程得到表达。同时它却是无法传授的。"它是不能学习、无法模仿的。"目前只能进行批评：哪里是不好的，以及它为什么不好。

勒·柯布西耶则寻求更稳固的立足点，他的观点和很多自然科学家与艺术史学家的一样，他相信和谐赋形的钥匙存在于动植物的几何与古典建筑当中。1925年，在《走向新建筑》一书著名的《基准线》章节中，勒·柯布西耶将作为审美目标的和谐与秩序的伦理联系起来。

"对秩序负有义务。基准线是对抗任意性的自我确证。它让心灵得到满足……对基准线的选择与调整是建筑设计创作的重要部分。"[33]

建造实践和理性要求人们使用统一度量衡和几何方法。而它们就像自然法则与道德标准一样，在人类的作品中起着一种"决定论"式的作用。"基准线将那种可以由感官领会的数学表达出来，从而将秩序之愉悦赠予我们的感知。"

基准线的选择就是灵感迸发创造力的时刻，"是建筑设计的主要程序之一。"[34]

在《精神的纯创造》章节中，勒·柯布西耶平行类比自然与艺术，并最终把它们联结为一种宗教体验。

他将人类精致的面孔与雅典卫城帕提农神庙凹凸曲折的造型相比拟。"当脸部轮廓的塑造精致，五官的搭配显示出我们觉得和谐的比例时"，就仿佛"我们内在的共鸣板随着振动起来"一般，"从我们心底，超出我们的感觉以外，发出共鸣"。"这是预先存在于我们内心深处的不可名状的'绝对'的痕迹。"在判断是否和谐的标准上，"人的机体与自然是完全协调一致的。"[35]

这样一来，勒·柯布西耶的理论就比较适于解决实际问题，他的说明相对来说也更易于理解。

---

31 后续考古发现认为帕埃斯图姆的波塞冬神庙实为一座赫拉神庙，是公元前460到450年仿照奥林匹亚的宙斯神庙建造的一座多立克柱式神庙。——译注

32 Bruno Taut, Architektur-Überlegungen, Manuskript 1936, Bruno Taut Archiv, Aachen.

33 Le Corbusier, Vers une Architecture, dt.:Kommende Baukunst, Stuttgart 1926, S.51.

34 同上，S.57.

35 同上，S.171.

他找到两个方法来确保建筑的美与统一：

尺寸关系必须通过同一比例的长方形的反复出现来确定；

建筑部件的线条必须落在通过规则圆周在几何体上分割出的节点处。

勒·柯布西耶将第一个方法发展为平行分布或垂直相交的对角线，通过这些对角线来确定轮廓、洞口以及立面的其他划分；将第二个方法发展为"模度"理论，即以黄金分割比例确定的多个数列。

关于比例的效果，宾纳菲尔德完全认同勒·柯布西耶的评价，但他也认同陶特的判断，即今时今日已无法通过简单的规律达成这一目标。而在设计过程中，宾菲采取与帕拉迪奥一样的做法，使用那些经过精心观察而确认合适的具体的数字。特定的比例能产生特定的氛围。

关于比例

"基本比例，4∶3、5∶3、8∶5等，存在于建筑与音乐中，它们伴随着人类的文明。

"5∶3是一种美德，它是非常舒服的比例。正方形就比较难用，没有视觉上的修正就不能用。在平面里它会显得含糊。

"如果走进一个正方形的房间，人会觉得哪里不对。一个房间必须要暗示出方向感，这就需要它在特定的方向上更为延展。

"砖墙的八分米模数系统（das oktametrische Maß）[36]会误导建筑师，改变设计的思维方式。使用这套尺寸会使人忽略对空间比例的控制，而仅仅从技术实践的角度关注房屋的建造，就不管最后造出来的东西看起来怎么样。

"如果最后得出了2∶1的比例就必须小心了，这个比例非常容易显得含糊。在这种情况下我相信自己的感觉，感觉就是主要的指标。

"通过简单圆弧就能确定出几个比例（$\sqrt{2}∶1$，$\sqrt{3}∶1$，$1/2×(1+\sqrt{2})∶1$），拥有这些比例的长方形却具备惊人的魅力。

"黄金分割得到门外汉过高的评价，就因为它有个响亮的名字，也因为据说它用在哪都可以。所以我经常抨击黄金分割。

"它很美，却没有什么性格。我研究过历史上建筑平面的比例，自己也测量过一些现存的建筑。去度假途中遇到的几乎所有楼梯，我都量过。量得多了就会发现，比如一度广受宣扬的特定坡度与舒适性之间的规律完全是没用的。

"没法用的还有室内净高2.5米的要求，这太含糊了。我会把净高做得比较小，但是也会把比如入口门厅做得高一些。

"然而绝对不能通过巧合决定这些尺寸，仅通过功能决定也不可以。像窗户的尺寸对于建筑特征的影响是很大的，在几何上要精准地确定。"

关于规则

"使用几何的规则会限制设计的自由。如果曾经存在过各种比例系统，那（今天）一定是完全遗失了。以前肯定有过，只是没办法再弄清楚。毕竟，几乎没有任何一栋中世纪的房子是难看的。

"有没有可能，只是那些好的留存下来了呢？

36　以12.5厘米，即1/8米为基础的模数系统。——译注

　　"不会的,正相反,这种选择机制不曾存在过。我相信曾经存在确定的规则,这套规则一定是作为建筑师进行设计的辅助方法被细致地传授给了下一代,但却在某个时候失传了。我们无论如何调查,也不可能揭示其中的秘密。断裂点就在法国大革命时期,那些当时仍存在的、流传着的比例系统被消灭得一干二净。比例系统的丢失导致了美之概念的瓦解。

　　"对这种系统必须十分熟悉。因它虽有确定的规则,但我认为这些规则一定有很强的变通能力。毕竟每个项目所处的情形千差万别,只有这样的系统在实际操作中才是可用的。

　　"如果我们尝试在设计好的图纸上附上一套几何网格,比如用三角格规(Triangulatur)[37],就会看出它并不合适,因为这样的一个规则系统没有韵律可言。且这样的一套网格就算找得到,在另外的建筑上也没法使用。

　　"现如今只能尽力内化基本比例,让它存在于心中。只有这样才可能恰当地运用。

　　"盖房子作为建造的艺术,本就是难以传授的知识。就好像音乐家需要每天练习才能找到正确的音程,这方法对于建筑师来说一样适用:造型艺术家也必须每天练习。

　　"在诸多的可能性当中,必须找到那些正确的关联。

　　"如果今天还去寻找清晰的系统的话,就跟玩'摸瞎子'的游戏差不多。

　　"基于感觉使用比例时,人心里当然明白,这样总会余下一些不能完全令人满意的部分。距离十全十美总还是差一点儿距离,这一点儿却是无法逾越的。

　　"我有时会把几版不同的立面图纸在墙上挂几天,让它们充分地对我发挥影响,之后我就能够决定,它们之中哪一个是正确的。

　　"我对建筑的要求是:不允许有不加控制的表面,不允许有未经考虑的部位。重要的是让设计可衡量,这就造就了真正的艺术作品。一旦方案真正达到均衡,连窗户或是其他任何东西都不能再有一点挪动。如果我感觉到哪里不合适的话,会一直修改,直到这种感觉消失。"

　　通过对位于阿尔格尔米森(Algermissen)贝雷住宅平面与临街立面设计图纸的分析,我们尝试把设计过程理解为对比例的推敲过程。[38]

平面

　　1. 首先确定总平面。

　　一开始宾纳菲尔德要用黏土制作一个比例为1∶500的场地模型,用来表达基地附近的环境。他在这个模型里思考新建筑的体量,作为"对周边环境的回答",并同样用黏土材料制造这个体块,使之低调地成为周边环境的一部分。

　　宾菲为贝雷住宅确定了一个狭长伸展的体量,这样就在立有大树的街角对面定义了一道墙,进而暗示出一个广场。

　　一组不规则分布的独栋住宅以这个体量结束,其组织感也得到了加强。附属的小体量遮隔出一个花园内院。通过新建筑的体量就这样产生了公共与私密的空间以及更为完整的村庄街景。这个概念没有经过大的变化就转换成了设计。

37　为哥特建筑确定比例的规则,一套建立在等腰三角形或等边三角形基础上的几何网格系统。关于该系统是否在哥特建筑建造中真正起到作用,仍有争议。——译注

38　以下阐述基于一份关于海因茨·宾纳菲尔德作品比例研究的学生作业,作者为克里斯托弗·海德(Christoph Heide)和乌尔班·施尼伯(Urban Schnieber)。

2. 第一组草图，1∶500，毡尖笔绘制。

在预备阶段已经用数字给出了尺寸比例，数字的单位是米。简略的划分既可以作为房间划分的基础，又能够暗示出韵律，且构成如2∶1、4∶3、6∶5等的基本比例。

草图中没有透视图，所有设想都被投射在平立面上，也在此被衡量。

3. 草图，1∶500，细毡尖笔绘制。

产生了狭长的、只有一间房间进深的平面。双坡屋顶宽阔地张开，支撑在外侧的立柱上，就达到了在模型里确定出的8米山墙宽度。在平面上还加绘了轴测图以确保体量效果。

4. 草图，1∶500，软铅笔与炭棒绘制。

粗线条强调了房间不同平面比例在视觉上的联系。规律分布的立柱与尺寸各有不同的房间形成对比。在方形与窄长方形旁边出现了比例为2∶1或$\sqrt{3}$∶1的起居空间。

5. 构造线草图，1∶200，铅笔与尺规。

用铅笔勾勒，用尺规绘制精确的比例。正方形、比例为$1/2 \times (1+\sqrt{2})$∶1的长方形（正方形的一半再延展对角线的一半长），以及比例为$\sqrt{3}$∶1的长方形挨在一起（正方形延展到自身对角线的长度，延展后的图形再一次延展到自身对角线的长度），墙体填了色。

6. 勾勒重要结构，1∶200，炭棒。

（通过擦去炭棒的笔迹）第一次确定开洞的位置，并通过轴线来控制房间相互之间的关系。

还有其他使用马克笔依照构造线进行勾勒的草图，也是用来控制、确认效果的。

7. 系统研究平面图比例。

阴影区域表示宾菲通过几何绘图确定下来的长方形，这些都是重要的房间，如门厅、客厅、餐厅。

通过分析也可以找到其他通过对角线及圆弧确定的比例。这里除了正方形之外，还有边长比例为$\sqrt{2}$∶1、$\sqrt{3}$∶1的长方形，这些图形并非一眼就能辨认得出，宾菲在设计时也是无意而为之的。毫不意外的是，这样的比例既在房间比例里单独出现，又规制了整个平面。这平面可是经过了长时间来来去去的调整，直到线条的组合呈现出"令人满意的外观"为止。

这些事后确定的比例图形证实了视觉的可靠。而规制着整个复杂平面的清晰比例则显得尤为重要。

汉斯·尤内克（Hans Junecke）就曾证明，古希腊建筑的整体图形是通过整数比，基于简单的毕达哥拉斯比例建立起来的。[39]

立面

提交审批的图纸中有1∶100的立面图，它主要由两个层次决定：前面一排规律分布的立柱，后面则是开有各种不同窗洞的真正的建筑外墙。

由于街边有一棵枝干粗壮的大树，房门前的柱间拓宽了一些，也使得左侧相邻的柱间变窄了一些。对于以约2∶1为比例的中性规格长方形规律排布的柱列来说，这一处偏移带来了期待中的一丝扰动。与柱列的规律性相比，外墙上的窗洞就显得比较任意。它们其实是不规则的内部房间划分在整个立面上的投射。中等大小的窗户拥有相同的5∶3的比例，房门的框子也是这个比例。对这一阶段立面的加工分为三个阶段，宾菲用炭棒推敲，尝试通过擦除与重新勾勒使立面开洞的分布达到理想的状态。

1. "正常的窗户"看起来较大一些，比例为5∶3。它们相互之间更近了一些，因而整体印象显得更均匀。

39   Hans Junecke, Die wohlbemessene Ordnung, Berlin 1982.

其间三大两小的长方形建立了一些紧张感。如构成主义的平面艺术设计一般,图形以房门为"中心"产生了旋转的动作。

2. 图形的构成显得更静态。楼上原本的大窗洞被缩小到正常的尺寸。

楼上的洞口呈现几乎完全规律的排列,和底层不规则的分布形成强烈的对比。大尺寸的房门和两个小方窗洞作为构成上的中心。它们像楔子一样挤进立面的上半部分,且好似把楼上的窗洞向两侧推开了似的。

如1号草图,这里也产生了一个动作,方向却是垂直向上的。"正常的窗户"像是都被挤压了一下,比例大约4:3。

3. 大部分窗户尺寸都是相同的,且比例为5:3,这是构成的主题。

楼上的洞口几乎完全规律地排列着,而底层的洞口直接地或是微微偏移地与楼上的洞口相关联,所有洞口总体上成明确可见的两组。经调整后,原先两稿里的"运动感"平息下来了。

4. 最终确定的立面柱列保持不变。拓宽的柱间成为规律柱列中的一处移位,并且多少有助于解决主立面中点处出现立柱的问题:虽然有少数例外,但是这种情况在古典立面构成中是不允许的,立面中央必须敞开。这个柱间的拓宽转移了注意力,经过移位后,立面中点不再是立面的焦点。但这个移位又并没有导致不安定的印象,因为相邻的两个柱间几乎构成正方形。

砖墙上的窗口明确成组出现,其分布呈现为随机图案,其间看不出某种生成规则或者统一的比例图形。这种随机性又与清晰的5:3形成对比,立面共十三个窗洞中有九个是这个比例。还有一个窗户是正方形的,另两个小窗近接近这个正方的比例。最后,楼上的两个正常窗户之间还有一个小而窄的窗洞。现在的立面看起来素雅,其构成几乎是不言而喻。

洞口之间的比例不遵从哪个数列,然而它们有弹性地相互联系着,这样看起来就既不单调,也不至于产生运动感。在此我用一个比喻来说明立面的构成:将房门这个大长方形置于另外一个洞口之内的这个动作,就好像将一颗石头扔进水里,激起波浪。而到了立面的边缘处,这个振动就平息了。这一方面显示出立面的"牢固",另外也间接地产生了三升调的划分。

相比于纳格尔住宅那或许来源于帕拉迪奥或塞利奥(Sebastiano Serlio)[40]的封闭、对称立面,或者霍特曼住宅带着古罗马砖结构风范的富有韵律的浅浮雕立面,贝雷住宅的临街立面就显得很天真,甚至几乎像小孩一样。与之形成鲜明对比的,是房屋花园的一侧,在设计上精益求精的阶梯状玻璃立面。

近一段时间宾纳菲尔德正在探究稚拙产生的艺术效果。在设计巴巴内克住宅时他就画了这么一个极简单的房子:"古埃及"台阶状的民房,一排一样大小的窗户与门,就么呆呆的,像是小孩子的图画一样。

然而相互关联的比例和严格的整体形式让这座房屋带着宗教建筑的气质。看来,通过各部分的规律性而产生的数之奥秘还隐藏着更多的内涵,就如贝雷住宅立面那看似不经意而得到的偶然性一般。

"若要将建造活动称为艺术的话，它产生的对象在必要与有用之外还必须生发出感官的和谐。"
——约翰·沃尔夫冈·冯·歌德，《建造艺术》，1795年

"建筑是什么？……是一种艺术。建筑是比例的艺术。"
——布鲁诺·陶特，《建筑深思》，1935年

46

波塞冬神庙，
帕埃斯图姆

47

勒·柯布西耶，
标明比例控制线，
施沃伯别墅，拉绍德封，
1916年

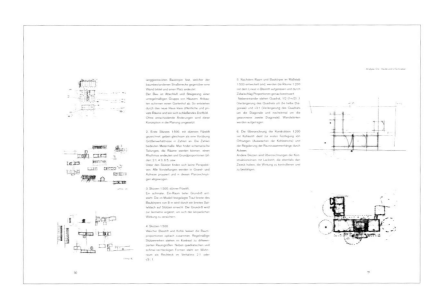

50

51

分析图：克里斯托弗·海德，
乌尔班·施尼伯

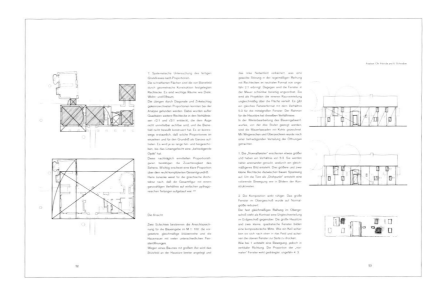

52

53

分析图：克里斯托弗·海德，
乌尔班·施尼伯

54

分析图：克里斯托弗·海德，
乌尔班·施尼伯

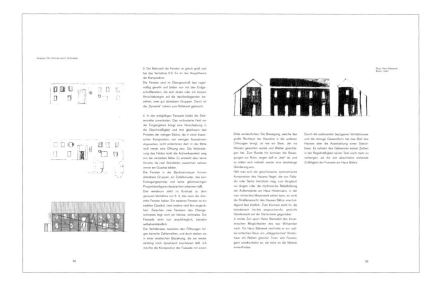

55

草图，巴巴内克住宅，
布吕尔，1990年

56

中厅，许特住宅，
科隆-明格斯多夫，1978年

立面，格罗德克住宅，
巴特德里堡，1984年

57

朝向庭院的砖砌山墙，
德尔库姆住宅，奥尔海姆，
1978年

楼梯间，德尔库姆住宅，
奥尔海姆，1978年

胶合板门，霍特曼住宅，
森登，1988年

材料

我知道，通过语言和客观的分析并不足以表达出作品的复杂性，也不足以表达设计过程中孜孜不倦的努力以及此后为了实现名副其实之古典的不懈追寻。语言与分析跛行于作品之后，它们能指出一些关联性，却不能揭示新的方向。

虽然宾菲着手设计的概念似乎变得越来越简单，但他的作品仍带来新的空间构成和不可预见的新效果。

空间通过精心推敲而达到和谐，同时又不至令人耽于感官的沉迷。这种适度主要仰赖于建筑的通透性和材料的效果。这两者都称得上诚实，更好的说法也许是直截了当。

空间的庇护感经常通过敞开的洞口得到对比，不仅仅向外敞开，还要向内、向上，直到敞露的屋顶下方。

如果说在许特住宅中，门厅和客厅由显得开放的暴露着椽子的屋顶（这是内屋顶，保温层在这一层屋顶的上方）覆盖，从而产生了向着花园开放程度逐步增加的过渡的话，在格罗德克住宅及日后的其他项目中，屋顶就仿若薄薄的帐篷一样张开，支撑在纤细的立柱上，门厅带来空间剖面的感受，而客厅作为房中房强调其自成一体。

基本上宾菲设计的每一栋房子里，都有几个部位可以让人以最大角度观察，令不同的层次在眼前展开。

材料的使用也是直截了当。

如上文提到的，宾菲继承了伯姆的砖与自然石相混合、充满感官刺激的丰富表面。通过这个选择他指出了建筑学的一个课题，当前在这个课题里充斥着广泛的无知与不确定性，这必定是建筑学出版物致使图纸与照片在传播中取得了支配地位而导致的结果。

但是"建筑的宜忌取决于表面产生的效果"，而表面的效果则取决于光线在表面上的折射。粉刷的过程可以让人最好地理解这一点。如果在石灰浆里掺入结晶的大理石粉，光线就可以渗透到表皮之下，几乎瓦解了表皮的物质性，使它变得如敏感的皮肤一样生动地作出反应，忠实地再现周围环境最细微的色彩差别。

与此形成对比的是木材的天然本色。木材表面通常展现其未经加工的状态，甚至屋架上的木材都没经过木材保护剂的处理——保护剂有毒，也会损坏木材天然的外观。一般情况下，金属构件的表面也不是那种光滑发亮的高科技的形象，而是带着加工过程留下的粗糙的痕迹以及生动的不规则。然而这不会让人觉得乡土气：与建筑构件的精确构造对比，未经加工的表面柔和而折射着光。

砖墙，比如那种以不规则的长边向外砌筑的，其分缝宽且与砖面抹平，这样它们就重新联结为一个面，一个几乎精确的平面。

没上漆的胶合板门、镀锌的钢构件或者同样使用锌的小构件，都可能给人一种"未完成"的印象。然而光滑的材料和闪闪发亮的表面标识着重点，被个别地使用在气窗彩色的窗框、金属的外门或者那些从砖墙上突出来的上了漆的金属圆柱和晶体似的玻璃体处。

然而这些并不是理论体系上僵化的规定。当宾菲将室内的一切不同的材料、构造、细节都以白色涂覆，以达成形式上更大程度的统一时，他似乎就放弃了以往的原则。

这样一种中和的处理方式也许令人遗憾，但不得不承认，由此产生了作品的整体性与一贯的逻辑。在诸多作品中，宾菲没有将哪个成果看作是最终的结论，他宁愿在保持平衡的同时不停前进，尝试着在各个方向一小步一小步地扩展对古典的理解。

结语

　　所有曾经考虑过和勾画过的，都出人意料地在新作品中以新的组合方式再次出现。不到设计最终确定的一刻，过程当中的规定都是临时的，都可以摒弃。

　　宾纳菲尔德大抵也有意建造比住宅和社区活动中心规模更大的项目，但如果那样，他就一定要改变自己的这种工作方式，要放手把工作交给别人，也不再能完全由自己来决定所有的细节。

　　让住宅及其日常超脱于日常，超越住宅单纯的实用性和目的性，衍生出美好的使用。要在住宅的低微之中使建筑的最高形式作为艺术得以实现，这就是宾菲交给自己的任务。

　　他在设计的过程中追求超越个人的价值，并尝试通过每一次的建造接近其核心涵义，使其作为原型范式而呈现。正因如此，宾菲在我们这个时代的文化领域占有很高的地位。

　　宾菲追求着最高的形式，因此他看起来就像是谦虚而始终严格要求着自己的仆人，始终只以作品为重。作品以及其中所有的部分仅仅是达到完整之前的一个中间阶段而已，即便在我们看来，每个作品看起来已经是完整的了。但宾菲既是毫不妥协的圈外人，也是神秘而沉默的圈内人，他像砾岩一般无法绕开，让所有轻浮的妥协者与粗率的模仿者都相形见绌。

　　最高的艺术容不得分毫懈怠。如果艺术仅是生命的产物的话，生命本身又是什么呢？

建筑与方案

圣安德烈主教座堂

（1967年，刚果民主共和国戈马市）

在为基伍湖边的戈马市设计的主教座堂项目中，直径60米的圆形空间中心下沉成为神圣区域，周围容纳2000个座位。向心的建筑形式含有早期基督教建筑的图景，又带有非洲圆形原始村落的庇护感。

墙体厚达3米，计划用当地的火山石砌筑。屋顶巨大的网架结构由未剥皮的桉树树干制成，支撑在周围的墙体和两根石柱上。这两根石柱也威严地限定了中心的祭坛区域。

墙壁内侧有楼梯通向嵌在墙内的环状围廊，围廊的洞口没有用玻璃封闭，这样可以在潮热的气候下持续通风。雨季到来时可以在迎风面使用木盖板封闭。

雨水通过四个扶壁排走。以木框架方式建造的拱廊为教堂罩上一层保护壳。

社会福利中心和神学院的体量处在主轴线上，环绕出两个中庭庭院，两个院落由主教的私人祈祷室分隔开。

材料计划采用基伍湖的一座小岛上生产的烧结黏土砖。

戈马这座城市主要由临时自建房与20世纪建造的不甚美观的现代房屋构成，如果这座建筑当初得以建成，一定会为当地的建造活动起到示范性作用。不仅因为它在形式上具有美感并对气候积极作出应对，更是因为在当地失业率居高不下的背景下，这个项目能让未经专业训练的建造工人投入工作，其手工的建造过程也能支持和教育参与其中的建筑工人。

为了评估这座建筑的规模和空间效果，宾菲援引历史上有名的教堂，通过比较草图进行研究。让人吃惊的是，像圣索菲亚大教堂（Hagia Sophia）、重建前的圣彼得大教堂（Sankt Peter）、圣马可大教堂（San Marco）、圣司提凡圆厅形堂（San Stefano Rotondo）或者君士坦丁巴西利卡这样的建筑，面积都相差不多。

62

版本一，正方形的平面与圣斯德望圆形堂对比

版本二，圆形的平面与马克森提乌斯巴西利卡对比

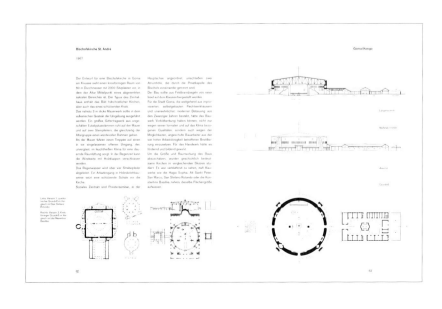

63

长剖面

比例1:1000

立面

平面

圣威利伯德教区教堂

（1968年，曼德尔恩-瓦尔德韦勒）

这座教堂位于特里尔（Trier）东南方向30公里处的下策尔夫（Niederzerf），洪斯吕克山（Hunsrück）中的一处村落中央。

由于周边三个村子联合成了一个教区，这个千人的小村就需要一座能容纳500席的教堂。

多边形的平面通过基地边界产生，体量横向伸展，完善了村庄的街景，并在教堂前方形成了一个广场。1990年启用的钟塔让广场的边界得以清晰限定。

祭坛位于教堂的中心，由此凸显其重要的地位。祭坛后方矗立着一座经过修缮的哥特式双圣坛，其中包含着圣龛。

地面标高变化着，小构筑物处于其中，令不规则的室内空间看起来像是以长木屋架覆盖着的中世纪市集广场。天花板正中还挂着玻璃灯罩，供集会和节庆时使用。哥特建筑残片斜着矗立在空间里，偏离了墙壁和屋顶暗示的方向，强调它们正隶属于更高层级的秩序。

露明的承重砖砌墙体细节丰富，加之窗洞以透明缟玛瑙封闭，这使得相对低矮的空间呈现出庄严的氛围。

陈旧的教堂座椅是临时应急的陈设，原本打算使用砖来砌制坐席。

原设计里的钟塔更低矮一些，成为建筑体量的一部分。顶部敞开，当人通过开口向上望时，就会感受到在罗马万神庙中的效果：天上飘浮着的云在圆形的洞口里，有一丝几乎感不到、却又觉得出的运动，让人体会到至深的宁静。

比萨斜塔也实现了类似的空间思想。

64

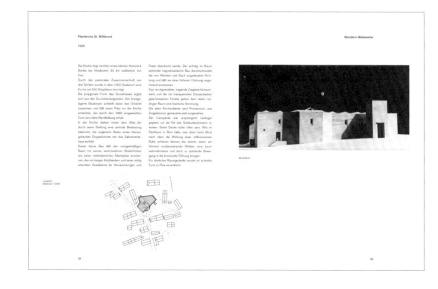

65

总平面图
比例 1：2000

模型照片

66

南立面带钟塔

东立面

北立面

西立面

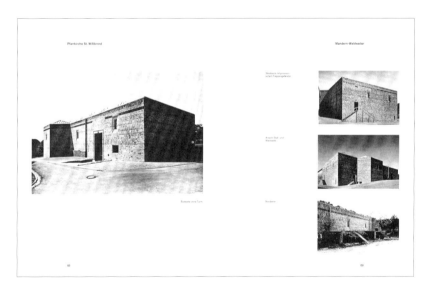

67

剖面图 B-B

比例1∶500

平面图

1 钟塔及主入口
2 次入口
3 祭坛
4 哥特式双圣坛作为圣龛使用
5 圣器室
6 唱诗席与管风琴

剖面图 D-D

68

南侧外景，此时钟塔还未修建

69

西侧外景，
台阶扶手是临时的

西南侧外景

北侧外景

70

屋面上的铅盖板
面层和采光亭

次入口室内一侧，座椅是临时的

唱诗席和次入口

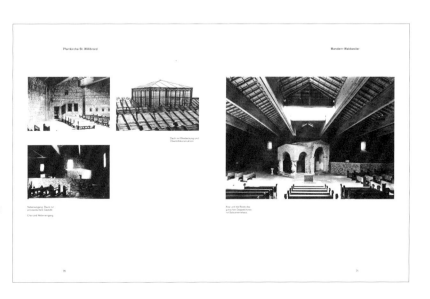

71

祭坛区域以及作为圣龛使用
的哥特式双圣坛

圣威利伯德钟塔

（1987年，曼德尔恩-瓦尔德韦勒）

72

1972年的第一版设计，内部含
一个向着天空敞开的空间

平面　　　　比例1：200

1987年的草图，覆盖了塔顶

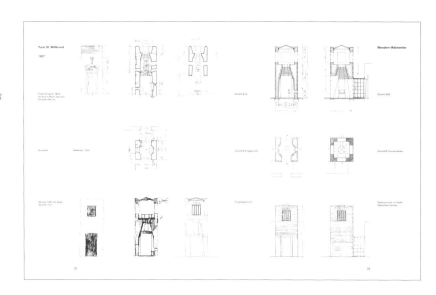

73

剖面图 A-A　　剖面图 B-B

底层平面图　　钟室平面图

入口立面图　　侧立面图，
　　　　　　　可见玻璃通道

纳格尔住宅

（1968年，韦瑟灵-克尔德尼希）

位于城市边缘独栋住宅区里的这座住宅坐落在十字路口边上，从相邻的房屋形成的界面稍稍后退。围绕庭院的墙体产生了对于广场与街道空间的暗示。

简单的坡屋顶体量加之与外立面平齐的宽阔门廊，看上去就像一栋不知名的古罗马或帕拉迪奥时期的别墅。

平面满足功能需求，但并非以功能为导向：沿中轴从前向后排列着的三个以筒拱覆盖的房间，连同平面四角四个同样大的房间构成了一个清晰的空间秩序。为了让地下室能够作为工坊使用，底层的标高提高。这提供了一个契机：把大理石浴室的地面降低，如在古典的住宅里一样，让人们向下走进浴室。此外由于建筑体量的升高，从花园看向三开间的门廊，就产生了庄严的印象。

两侧的藤架意在用建筑手段限定花园，并为看向花园后墙上壁龛的视线提供框景。

墙体是50厘米厚的实心砖砌墙，外侧露明。通过砌筑方式的切换，在古典建造原则的意义上，外墙的洞口处和体量边缘处都得到了浮雕式的暗示以及阴影线的陪衬。

门廊的方柱由旧的手工烧结黏土砖切割而成，因此与立面其他部分的颜色有差异。室内的砖墙面以石灰刷白或抹平。常见于工厂建筑的耐火地砖覆盖了大部分室内的地坪，然而大理石制成的装饰性的收边使得地面显得十分贵重。

74

"我就是有意地抛弃那种时兴但转瞬即逝的东西，抛弃那种土里土气的对20年代建筑思想的应用——它简直要被用烂了。我选择转向古罗马的建筑法则。"

总平面图
比例1:1000

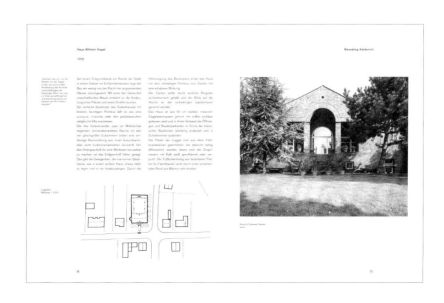

75

西南花园侧外景

76

剖面图

比例 1 : 200

底层平面图

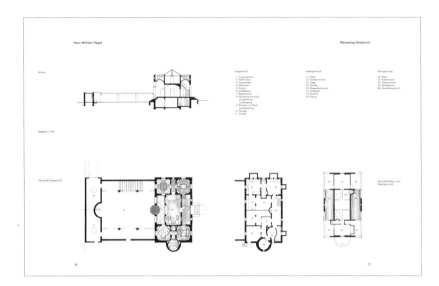

77

底层	地下室	屋顶层
1 入口门厅	12 门厅	20 中厅
2 起居室	13 金匠工坊	21 书房
3 花园门廊	14 储物间	22 客卧
4 餐厅	15 仓库	23 储物间
5 厨房	16 家务工作间	24 拱顶处
6 卧室	17 更衣室	
7 浴室	18 淋浴间	
8 花园庭院，	19 桑拿室	

外廊部分未建造
9 屋顶排水的井口
10 车库
11 杂物间

地下室与屋顶平面图

78

79

入口门厅　　起居室　　花园门廊

街面外景

门廊的方柱　门廊与台阶　去往花园的台阶

80

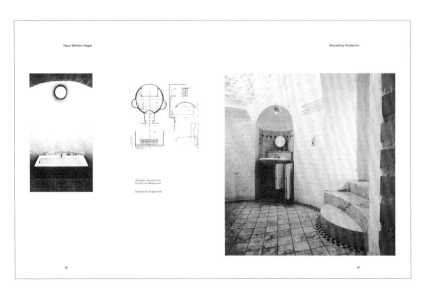

浴室的平面图与剖面图
过程图纸

底层的浴室

81

弗里林斯多尔夫墓地教堂

（1970年，林德拉尔-弗里林斯多尔夫）

　　方形的院落如古罗马的中庭一般，四边向内倾斜的单坡顶支撑在院子四角的柱上。围绕这个院子组织起祈祷室与其他的附属空间。

　　对外封闭的墙体由青灰砂岩与砖带组成，灰缝与外表面齐平。祈祷室墙体内部有装饰条带，由青灰砂岩石片组合成波浪与花环的图样。

　　窗洞的收边使用砖垒制而成，并经过石匠工艺的加工处理。胶合木梁与下方张紧的拉索共同组成屋架，支撑屋顶。

　　这栋建筑的所有配置，如木条钉成的门、水泥地面以及工业盥洗池等等都采用了最简单的做法。

　　伯姆于1926年为这个教区设计了教堂。而宾菲设计的在深色屋顶覆盖之下那有力而多彩的砌筑墙，则延续了由伯姆开启的纯熟精炼的艺术。

82

短剖面图、长剖面图

比例 1：500

整栋建筑的平面图

立面图

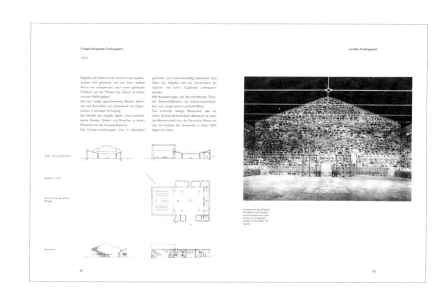

83

双坡屋顶祈祷室内景。砌体墙由青灰砂岩与砖带组成，灰缝齐平

帕德住宅

（1972年，科隆-洛登基兴）

这座住宅是一组单层行列式建筑中的一部分。封闭的建造方式让街道空间看起来平平无奇，但街道空间本身过宽。

基地面积350平方米，建筑占用了260平方米。是中庭形式的选定让面积得到了充分的利用。

中心庭园的四角有四根四方椎状的砖柱，它们支撑着粗壮的梁环绕中庭一圈。向着中庭倾斜的单坡顶就搁在上面。实心砖砌墙体不论内外都是露明的，这种做法决定了建筑宁静、内向的空间效果。

灰泥中掺入砖碎制成地面，上面还装点着小块的方形白色大理石。承托屋顶的椽子之间搭着砖色的空心盖板。这样一来，界定着空间的所有建筑构件都成了同质的。

中庭现今草树繁茂，因此失掉了原有的一些精准。除了四根方柱之外，院里还矗立着一尊雕塑，室内一侧是个座龛，室外一侧则是屋顶排水用的井。它们都是手工制成的砖造艺术品。

厨房和浴室的地面使用了拆除19世纪建筑时得到的地面材料。

总平面图
比例 1:1000

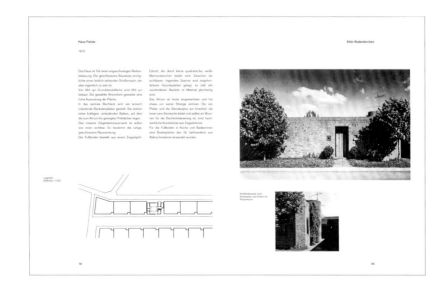

朝西南方的沿街立面前院，
可见隐修室所在的塔楼

86

剖面图

比例 1：250

底层平面图

1 入口空间
2 起居室
3 中庭
4 浴室
5 卧室
6 厨房
7 淋浴房
8 楼梯，向下
通往地下室，
向上通往隐
修室

沿街外立面图

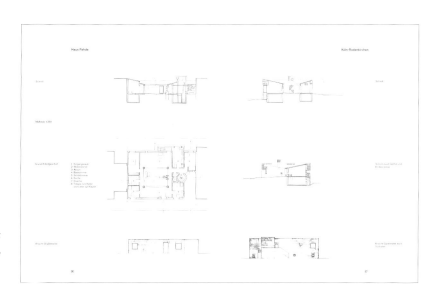

87

剖面图

剖面图，通过
前院与儿童房

花园外立面图，
朝向东南方向

88

砖砌方柱节点
从中庭望向隐修塔的景观

草图，探讨环绕中
庭的大梁与屋顶以
及方柱的交接

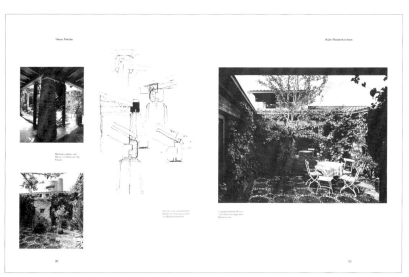

89

草树繁茂的中庭，可见
浴室顶部的采光窗口

90

起居室，地面材料为掺入砖碎
制成的水磨石与大理石马赛克

从花园里看向厨房的凸室
厨房内景

91

圣波尼法修教区教堂

（1974年，威尔德贝尔格胥特-赖希斯霍夫）

两条街道相交，教堂坐落于视线的焦点。教堂和预计建造的青少年活动中心之间将形成一个广场，后侧的神父住宅则构成广场上视线的尽端。

教堂空间平面呈微微拉伸的八角形，以此形式对核心空间的方向稍加暗示，从而避免显得混沌。屋顶作为独立的构造体在外墙上方张开，山墙两侧室外各有三根方柱来承托这片巨大的长方形双坡屋顶。屋顶的一边拖曳下来，罩住前方的圣器室，而如罗曼式建筑那般敦实的钟塔就从这里耸起。墙体是青灰砂岩制成的，依据古罗马建筑的做法分为内外两层，混凝土浇筑其中。墙面上交替分布着斜着排列的片状石头和用砖砌法垒砌的大小不一的石头，灰缝与表面平齐。

建筑的角部以及门洞、窗洞的收边，使用大块以石匠工艺加工处理的石料加以强调。支撑屋顶的粗壮的方柱则使用砖块砌筑。

屋脊的两米高的大梁、檩条、椽子都使用了胶合木，因其色彩而与青灰砂岩、与砖和谐搭配。

92

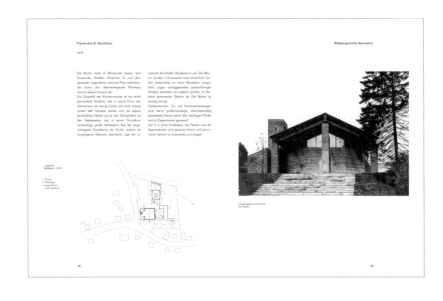

总平面图
比例 1 : 2000

1 教堂
2 神父住宅
3 青少年活动中心（未建造）

93

从出入口处看到的
教堂外景

94

通过钟塔与圣母祈祷
室的剖面图

比例 1：500

平面图　　　1 入口
　　　　　　　2 祭坛
教堂的地面　3 会幕
较入口一侧　4 管风琴与唱诗班
的地面低1米　5 小礼拜堂
　　　　　　　6 圣母祈祷室
剖面图，　　　7 圣器室
可见圣坛　　　8 祈祷龛

95

通过圣器室的短剖面图与
长剖面图
塔楼脚下是老教堂的
圣母祭坛

剖面图，通过连接两部分的
通道

西北外立面图

东南外立面图

96

钟塔外景
塔内圣母祈祷室的天花

侧入口外景
教堂砌体墙细节

97

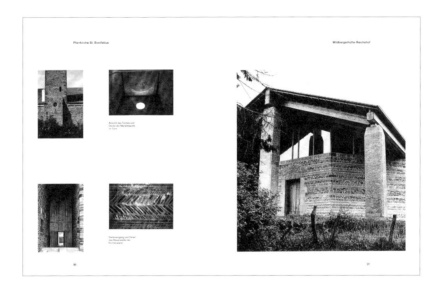

98

会幕龛和室内空间，墙体由
青灰砂岩石块与砖砌条带构
成，灰缝齐平

99

细节图纸
祈祷龛的外侧

克略克住宅

（1975年，林德拉尔-霍凯普尔）

住宅坐落在小村的边缘，建筑的体量随着顺坡度向下延伸的大屋顶镶嵌进山坡里。单坡屋顶的车库、玻璃凸窗以及檐下的室外空间也为乡村生活增添了如画的景致。

外墙以红色的瓦片覆盖，用另一种材料延续了贝吉施地区在墙壁上铺瓦的传统建造方式。

平面显示出中廊式的布局。踏步从入口门厅通向标高向下1.6米的起居室，一边细窄的走廊则像游廊一样连接着楼梯口与带餐座的凸窗。房间都布置在楼梯厅的两侧。

承重墙由重混凝土空心砌块制成。外墙铺瓦挂在纵横交叠的板条上，保护着后面的保温层。

室内空间所有可见的材料上都覆有5毫米的石灰浆，这样还能让人观察到构造的接缝。灰浆还没干透时上了薄薄一层由石灰和大理石粉混合而成的泥浆，用抹刀压实，墙面就显出些微的光泽。

街面外景
建筑前方场地

102

花园外景

103

檐下柱子细部

厨房一侧的庭院与
带有餐座的凸窗

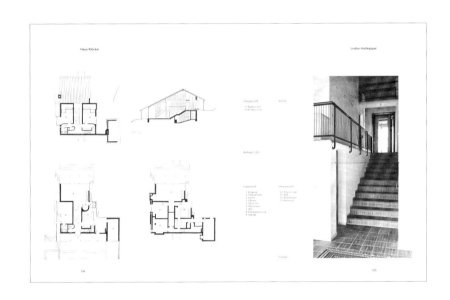

104

二层平面图

11 浴室
14 儿童房

比例 1:250

底层平面图

1 入口
2 楼梯厅
3 厨房
4 带有餐座的凸窗
5 带有餐座的凹龛
6 起居室
7 厕所
8 房客的房间
9 车库

105

剖面图

地下室平面图

10 主卧室
11 浴室
12 书房
13 储藏室

中廊厅内景

施泰因住宅

（1976年，韦瑟灵）

在改造20世纪初的一栋钢框架系列住宅及其花园庭院的过程中，宾菲将场地纳入空间序列，从而展示了他的建筑艺术：将单调得不值一提的场所转变为合乎人类尊严的生活环境。

构图的中心是椭圆形的、以向内倾斜的单坡屋顶环绕的内院。内院连接了花园与住宅转折的轴线，椭圆的圆弧让人几乎无法感知住宅的转向。院墙里嵌着的小亭子如空间雕塑一般标识着院落与花园之间的切换，同时也开启了花园里的一幅远景。这幅精心组织的远景以小亭子为画框，经由两侧的树列加强，在背景尽端的一尊小型维纳斯雕像处终止。目前花园已经过分割，轴线的终点成了一堵带有壁龛的围墙。

院子的墙根据古罗马的建造方式分为内外两层。荷兰地砖一分为二，斜向砌筑，混凝土浇筑其中。

在推敲如何改造现存建筑时，宾菲提出了不同的方案，尝试用半开敞的、圆或椭圆的房间将被墙体划得七零八落的空间整合分区。功能方面探讨是否安排一间艺术展室。

由于内侧铺设的砖层，圆形的凸室小了一些。它构成空间的基本单位，令其余空间相比之下显得更宽敞。原本没有计划要做椭圆形的内院，它作为室内空间单元体概念的延续而产生于设计过程当中。

最终版的设计更为简化，连接着起居厅的只有藏书室、餐厅、厨房以及浴室。浴室朝外向着起居厅的一面为涂黑的木料制成的木框架，其间为大理石板。钢条制成的支架托举着铸铁制成、涂成红色的浴缸。这样的材质与色彩虽然看上去与名贵的大理石板并不统一，但仍然显得协调，通常意义上的和谐在此得到扩展。掺有大理石粉的石灰粉刷出的墙体表面也贡献了很好的效果，令起居厅和其他房间都得以表现出既宁静又富有生机的观感。

106

107

椭圆形内院与小亭子

108

探讨平面改造的六个初步设计

比例 1：250

109

底层平面图
比例 1：250

室外空间平面图
比例 1：500

1 藏书室
2 餐厅
3 厨房
4 门厅
5 浴室
6 庭院
7 水井
8 亭子

110

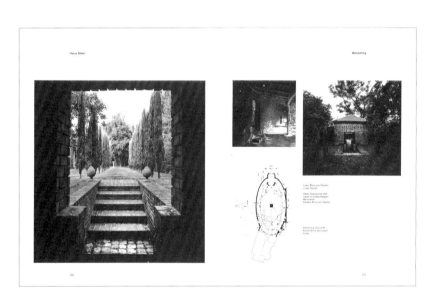

111

通过亭子望向花园

内院弯曲的墙体分为内外两层建造
从花园望向亭子

椭圆形内院的平面构成

112

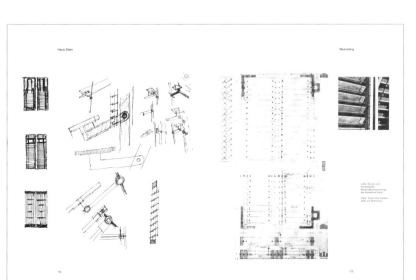

113

百叶窗的设计草图
百叶窗调节机关的构造草图

百叶窗的局部

114

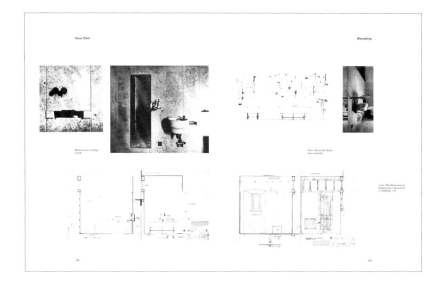

底层的浴室

115

浴缸支架的
设计草图

浴室的墙面展
开图，绘图比
例为1:10

116

门厅内景，
可见浴室的外墙

117

门厅里的凸室内景，
使用了原来的窗户

藏书室里带座椅的凹龛

许特住宅

（1978年，科隆-明格斯多夫）

面对新建住宅区里各自独立、空间互不相干的独栋住宅大杂烩，建筑回以一堵清静而封闭的砖墙。

而这堵墙背后800平方米的基地上，房屋如同一座小型城市体，在变幻多端的采光条件下发展出不同的路径与庭院。其中心集中在相比街面下沉了60厘米的起居厅，以及由2.4米高墙环绕着的花园。

最前方横亘着的入口门厅如一座城市广场，由此可以抵达不同楼层的儿童房、客卧和浴室。下沉了2米的内庭院将子女与父母的起居部分分开，它不仅让空间显得更宽敞，也让地下一层更宜于居住。

从入口直通起居厅的中廊清楚地划分了平面，亦能帮助判定方位。一边是厨房和厨房内院，另一边是餐厅和带有壁炉的圆形起居室。

这条中廊里光线的变换、内庭院的景观以及向下走进起居厅的踏步都让人觉得仿佛行走在城市的街道上，景致时时不同。

屋顶如薄薄的帐篷支撑在钢柱上，罩住下面的起居厅，檩条和双层的构造都清晰可见。为了与敦实的砌筑墙产生对比，三面都有全玻璃的外墙。

总平面图
比例 1∶1000

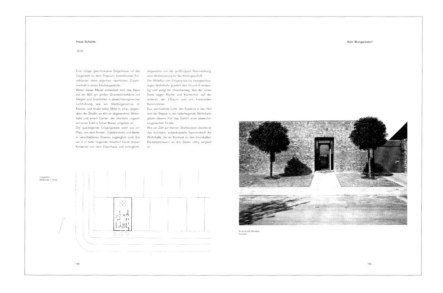

街面外景

120

剖面图 2-2，通过浴室与儿童房

比例 1：250

底层平面图

1 门厅
2 餐厅
3 厨房
4 家务工作间
5 起居室
6 带壁炉的圆
　形起居室
7 内院
8 儿童房

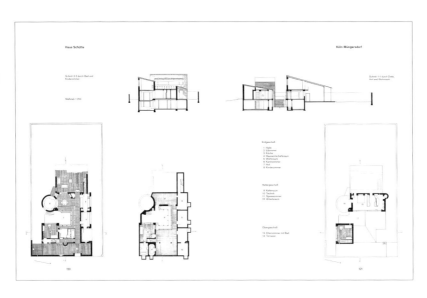

121

剖面图 1-1，
通过门厅、
内院与起居室

地下室平面图

9 储藏间
10 设备间
11 食物储藏
12 书房

二层平面图

13 带浴室的主卧室
14 露台

122

入口大门　　中廊，望向入
　　　　　　口大门

起居室　　　从花园望向
　　　　　　起居室的玻
　　　　　　璃外墙

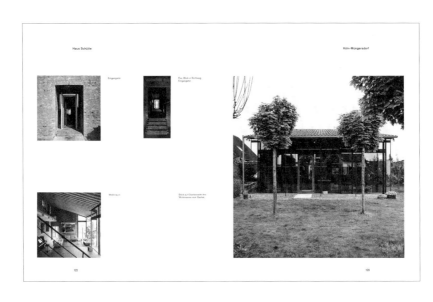

123

124

从餐厅望向内院

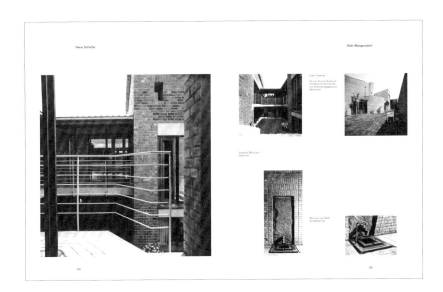

125

左：内院

右：南侧外景，可见带壁炉的
圆形起居室以及连接到
起居室的通道

水井和屋顶排水的
出水口

126

起居室的台阶以及台
阶扶手的细部图纸

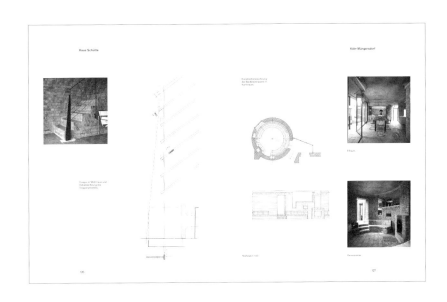

127

带壁炉的圆形起居室的
砖砌构造图纸

餐厅内景

比例 1：100　　带壁炉的圆形
起居室内景

路德维希博物馆

（1979年，亚琛）

　　博物馆所在的公园里有很多树。三个不同的空间部分连接在一起，一方面满足多样的空间需求，带来艺术的空间体验，另一方面又避免伐倒基地上的任何一棵树木。

　　地下车库上方的空地上矗立着建筑圆形的核心部分，分为多个层次。入口与门厅作为较外的一层包裹着内侧的圆形藏书阅览室。最外一层以及与之十字交叉的大厅则用来安置中世纪的藏品。开阔的圆弧作为有顶的路径延续了中轴线，衔接着两个密度较高的建筑部分。圆弧凹进的一边全部由玻璃围护，在此展出现代艺术。凸出的一边则排列着如藏宝室一般小而封闭的展室，在此展出16到18世纪的艺术品。

　　指引着方位的路径继续引向下沉的部分，这个部分包含了剧院、演讲厅及一些附属空间。

　　建筑以一处博马尔佐（Bomarzo）式的[41]、展示不同地层的游乐花园为终点。建筑核心部分对面的前广场上有成组的棚屋，艺术家可以不经审查地在此组织展览。

巴士底歌剧院
（1983年，巴黎）

　　新的大剧院融入城市，如中世纪教堂一样插入周边住宅留下的空隙中。巨大的长方体容纳着排练厅的舞台，下方是建筑的主入口。这一体量将广场围合起来，也延续了街道的界面，和广场中心的革命纪念碑形成呼应。

　　紧邻的街道上没有进行加建，歌剧院的体量呈阶梯状地连在后侧的住宅上。沙朗路（Rue de Charenton）的街角由几栋住宅补充完整。

　　一对大楼梯直通歌剧院的楼顶，在这里，室外剧院依着身后宽阔的巴士底广场展开，强调了这座建筑的公共性。

　　里昂路（Rue de Lyon）上，实验舞台的体量向后退让，与向着巴黎十二区的入口共同形成了一个广场。地面层作为高度8米的大厅，整个地向着所有方向敞开，并直接与巴士底广场相连。

　　为了避免舞台布景的转移干扰公众流线，大厅的上下都设置有运输通道。此外，为了充分展示舞台布景的色彩与纪念性，还以玻璃作为大电梯的材料，让路过的人也能看到它们。

　　实心的砂岩方柱与彩色光面灰泥粉刷的墙壁和顶棚共同划分着大厅的空间，标识着广场的序列。

　　绕过舞台的半圆，边上的楼梯通向剧院门厅，这是一个通贯多层、以回廊划分的空间。进入表演厅，如巴洛克剧场一般层层后退的楼座围绕着舞台，上面紧密排列着包厢。

　　屋顶上除了室外剧院之外，还设置有实验舞台、试演场、办公室、工作坊等。

　　建筑的所有外墙都是石砌的，只有向着广场的封闭长方体计划用金色瓦片制成的马赛克铺盖。金色的体量当能以戏剧性的"去材料化"的方式反衬出建筑的实体感，若要达到同样的目标而使用土耳其绿的和紫的动态霓虹字的话，就会显得太过头了。

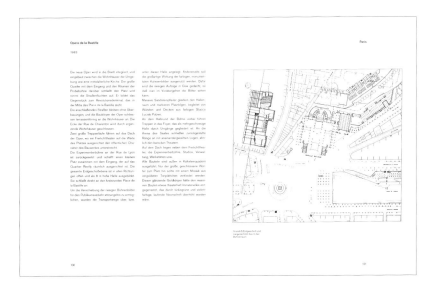

底层平面与通过
舞台空间的长剖面

132

横剖面，通过舞台空间，可见
里昂路上建筑附属部分的立面

上层平面图

巴士底广场一侧的立面图

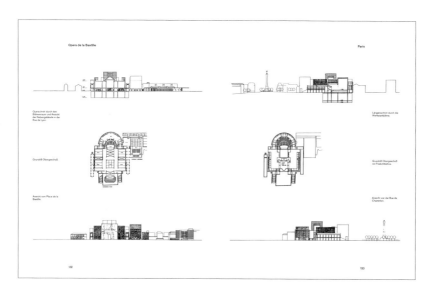

133

长剖面，通过实验舞台

上层平面图，可见室外剧院

沙朗路一侧的立面图

赖希-施佩希特住宅

（1983年，阿恩斯贝格）

住宅坐落在阿恩斯贝格城区边缘一道由树林覆盖的山脊的脚下，远离道路，一旁有溪水流过。

基地上已有的房屋是1958年丹麦产的系列住宅。宾菲将顶层去掉，改成由窄而缓的坡屋顶覆盖的室内部分以及前方的屋顶平台。底层通过一条中廊获得了新的秩序。外墙粉刷则被砖砌的外立面替代了。

起初考虑作为花厅暖房使用的玻璃房附加在原有住宅的一旁。

设计还计划了由墙体与玻璃回廊围合的庭院，以及附在庭院外侧的封闭的藏书塔。

玻璃房作为这组建筑的中心，坐落在纵横两条轴线的交点上。玻璃房长轴的终点落在围墙外的水井处，横轴则贯穿住宅通向旁边的小溪。通过围墙的辅助，实现了从建筑到自然的层层过渡。

玻璃房的钢结构对于负荷分配的表现体现为两种原则：水平方向的过渡由层叠的构件来体现，垂直方向通过插入T形的构件来穿透水平构件。构件本身则通过螺钉组合。

横竖交接的柱头支承处加入了第三个构件，它通过一片铁板和十字形的支撑将接缝分离开，分离的构造产生的缝隙似乎暗示着一个古典柱头的负形。

134

平面图
比例1∶500

1 入口
2 玻璃房
3 现存房屋经过改造
4 玻璃回廊
5 藏书塔
6 庭院
7 喷泉龛

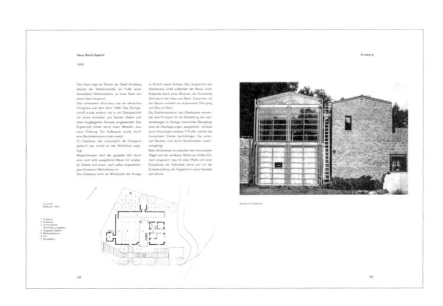

135

东南侧外景

136

东南外立面图

初步设计草图
比例 1：250

西北外立面图

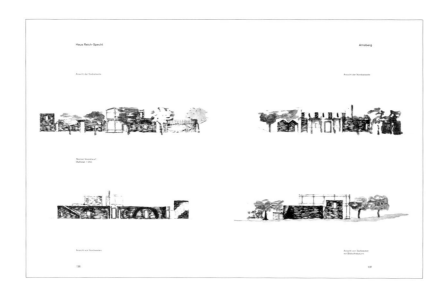

137

东北外立面图

西南外立面图，
可见藏书塔

138

施工阶段的　玻璃房剖面图
玻璃房　　　比例 1：250

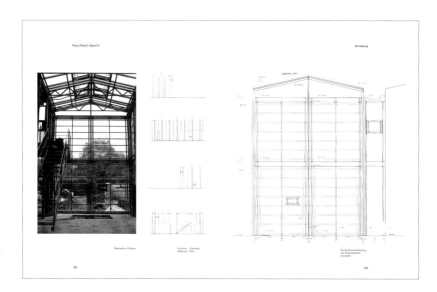

139

玻璃房东南侧山墙
构造图纸

140

玻璃厅内的二层平台，
可见以大理石板制作
的栏杆

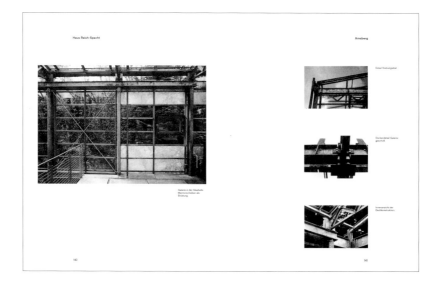

141

东南侧山墙节点

二层平台上的
屋顶节点

从内侧看到的
屋顶构造

贝雷住宅

（1984年，阿尔格尔米森）

住宅位于希尔德斯海姆（Hildesheim）与汉诺威之间的一个小镇上。基地周围村庄的街景还算完整：几栋住宅、几座谷仓，现存的树木也很美观，街对面是一组树木，街角是一个纪念十字架。在这种情况下，建筑的体量就被确定为窄长的双坡屋顶，而端头横过来的侧屋则作为建筑组合的终点，定义了街道空间。

仍有待完成的餐厅是个小亭子样的体量，它将私人花园的区域围起，使空间思想得以完整表达。

屋顶向外伸出，支撑在纤细的钢柱上，砖砌的体量由此缩进屋顶的遮蔽之中。这样一来，房前的树木就得到了更多的空间，如小树林一般。

平面在长轴方向有不均匀的划分，两侧的柱列则建立起尺度、秩序与距离，伴随而来的还有开敞的观感与檐下的阴影。

从檐线一侧可以进入门厅，它位于平面中央，为建筑赋予了秩序。身处门厅能够体验直至屋顶下方的通高空间。剩余的房间位于门厅左右两侧，通过简单的序列与门厅相连。

类似门厅中起连接作用的栈道，花园一侧也铺设着混凝土制成的栈道。

侧屋有独立的入口，朝向街道的两个房间各自带有凸室状的浴室和厨房，采用了涂刷成彩色的钢板结构，连接在砌筑墙上。这样的凸室以及有遮盖的屋顶平台都让侧屋显示出自己的特征。由此，侧屋与主屋虽类似，细节的设计却充分展现出差异对比。

142

总平面图
比例 1:1000

西南侧外观

143

144

花园立面图

　　　1 入口
　　　2 入口门厅
　　　3 起居室
底层平面图　4 厨房
比例 1 : 250　5 餐厅
　　　6 书房
　　　7 厕所
　　　8 房客入口
　　　9 带小厨房的起居室
　　　10 带浴室的卧室

临街立面图

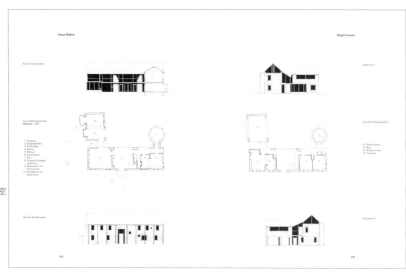

145

南立面图

二层平面图

11 主卧室
12 浴室
13 儿童房
14 露台

北立面图

146

147

左页：东侧的入口外景
右页：东侧的入口内景，
入口门厅里可见连接
二层空间的栈道

148

顶图：从入口门厅望向花园

玻璃立面的轮廓图与构造图

右页：从花园望玻璃立面

149

150

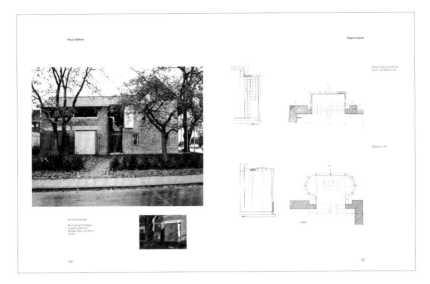

西北侧外景

从房客入口处看到含有浴室和厨房的彩色凸室

151

凸室状厨房和浴室的剖面图与平面图

比例 1:50

格罗德克住宅

（1984年，巴特德里堡）

房屋位于小城边新建住宅区的一处缓坡上，其单层体量、檐线的高度与屋顶的坡度受规划控制。

高高扬起的屋顶如帐篷张开，支撑在外侧纤细的钢柱以及内侧建筑精细的钢梁上。底层砖砌，矗立其上的第二层由钢与玻璃构成，四面向内缩进。这样就产生了常见于阿尔卑斯山中农场住宅的开放的敞廊，它向外延伸着室内的空间。

檐线一侧的前广场与入口引向横向伸展的宽阔门厅，门厅与起居室构成了强调轴线的平面核心部分。门厅通高两层，上层通向各个家庭成员的房间，此处如同家里的小剧场，上演着成员们共同的生活。从中撤出时，即可退回到较为低矮的、经由玻璃凸室向室外敞开的起居室。

从门厅上层的游廊看出去的视野，令人充分领略到空间结构的开阔辽远：从屋脊到阁楼，越过檐口，经过花园，引向远方覆着树林的山丘。

152　　　　　　　　　　　　　　　**153**

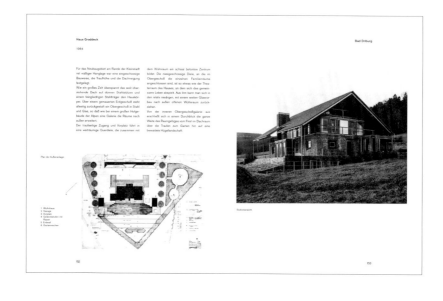

室外空间平面图

1 住宅
2 车库
3 前方场地
4 草坪覆盖的陡坡
5 堆土墙
6 花园龛

东南侧外景

154

北立面图

比例 1 : 250

底层平面图　　1 入口
　　　　　　　2 入口门厅
　　　　　　　3 起居室
　　　　　　　4 厨房
　　　　　　　5 藏书室
　　　　　　　6 房客的套间

南立面图

155

东立面图

二层平面图

7 主卧室
8 浴室
9 儿童房

西立面图

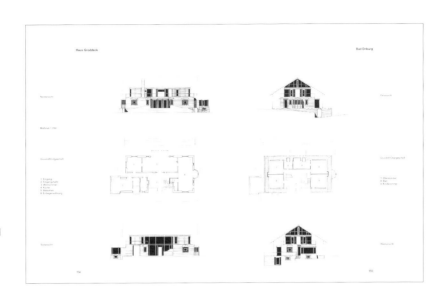

156

入口立面，
可见房客套间的小厨房

157

西侧外景

厨房凸室内景，可见棱柱状
折叠的玻璃窗

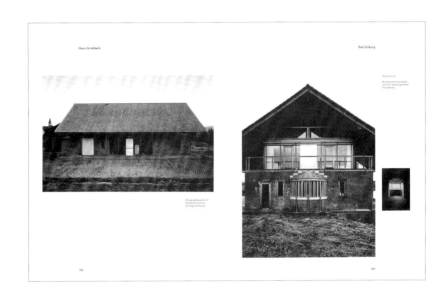

158

通往二层的楼梯

159

通往阁楼的楼梯

楼梯的草图与
平面图

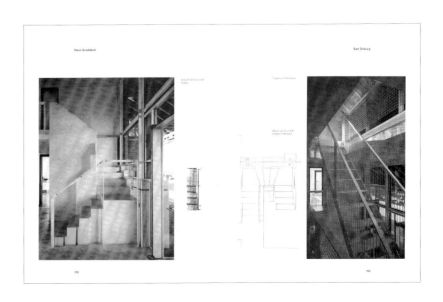

海因茨-曼克住宅

（1984年，科隆-洛登基兴）

　　狭长的双坡住宅里容纳了两套住房与一套公寓，并与它旁边的双层内院住宅细致地组合成同一个建筑，每个体量都展示出细窄的山墙面。

　　作为内院住宅，其外墙敦实而封闭，洞口如镂刻。而双坡住宅的屋顶向外伸展支撑在侧面纤细的柱子上，山墙面的一榀屋架支撑在砌筑的方柱上。内院住宅秩序的核心由长向门厅与院子共同构成。而玻璃面前方通高两层、纵深布置的方柱给院子带来庄严的空间气质。

　　长向的门厅以及院子房间之间夹着的走廊共同产生了空间划分的层次与韵律感。这样的空间甚至得以在厚实的墙体中延续，壁龛像浅浮雕一般拓展了门洞。

　　相比于实墙围合的起居室与卧室，在楼上西南角的书房里，落地玻璃从下沉的过梁延伸到地面。从室内看去，玻璃面如凸窗一般，较内墙面向外凸出。如此又产生了日式屏风一般的观感：窗框作为一系列竖长方形的画框，展示着森林的风景画。

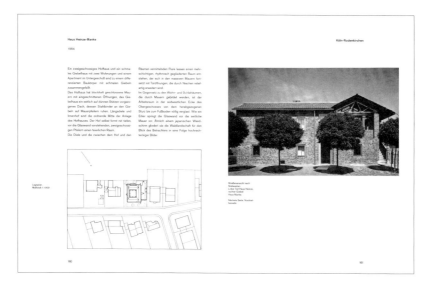

总平面图
比例 1：1000

朝向西南方向的街面外景。
左侧是海因茨住宅，右侧是
曼克住宅

东北侧外观

162

比例1:250

底层平面图　　　5 餐厅
　　　　　　　　6 厨房
1 入口门厅　　　7 浴室
2 庭院　　　　　8 卧室
3 屋顶排水的井口 9 除风室
4 起居室

163

二层平面图

10 书房
11 卧室
12 儿童房
13 办公室
14 通向二层
的台阶
15 外廊
16 露台

地下室平面图

17 设备间
18 储藏室

164

朝西南方向的临街立面图

比例1:250

剖面图

朝东北方向的花园立面图

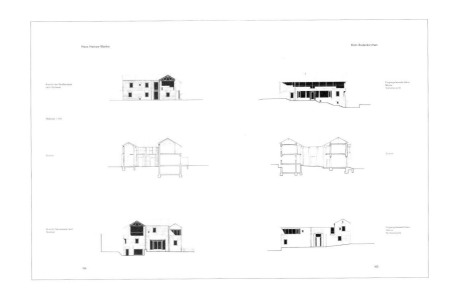

165

朝东南方向的曼克住宅
入口立面图

剖面

朝西北方向的海因茨住宅
入口立面图

166

海因茨住宅　二层朝向内院的
入口大门　　回廊

　　　　　　内院望向起居室

167

海因茨住宅　入口门厅内景，
入口大门；　望向餐厅的
厨房前方的　方向
走廊

<u>168</u>

海因茨住宅　　书房内景
的书房外景

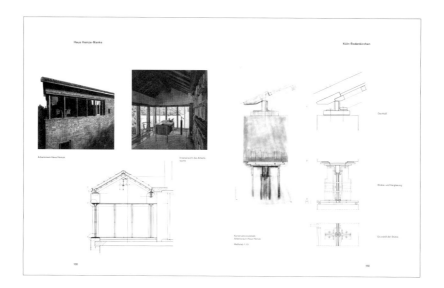

<u>169</u>

墙体支撑屋顶的节点

玻璃窗节点，
可见竖向支撑构件

海因茨住宅书房的　　竖向支撑构件的
细部构造图纸　　　　平面图

比例 1：10

<u>170</u>

曼克住宅钢屋架
设计草图

<u>171</u>

施工阶段的曼克
住宅山墙

黑尔帕普住宅
（1987年，波恩）

宾菲首先设计了一侧的花园庭院，并令庭院与起居室共同构成空间序列。随后他就得到委托，对现存的单层平屋顶住宅进行改造。

一道树篱、后面一道刷白的墙、前面一道长凳，共同框定了庭院的范围。

如在阿拉伯庭院中一般，水井与水槽构成庭院的中心。起居室通过玻璃凸窗在整个面宽上向庭院敞开，庭院则作为起居空间的延伸和对景，其混凝土地面平行铺设的大理石表现着抽象的水的主题。

除风室的墙面经过黑色亮面灰泥的涂抹，令其内侧粉刷成白色的门厅显得更为明亮。门厅去掉了一堵墙，其结构作用由搭在旋转楼梯两侧的两根纤细而精致的钢梁替代。

门厅墙面层层后退，不经意地引向起居室。

通过墙体的推移和窗户的重新布置，藏书室的平面比例得到很大程度的改善。

现有的家具通过构造手段整合为房间的一部分。

藏书室墙体的推移令卧室中产生了一个可以容纳衣柜的壁龛。墙体原先所在的位置改变为一根钢梁与一根柱。

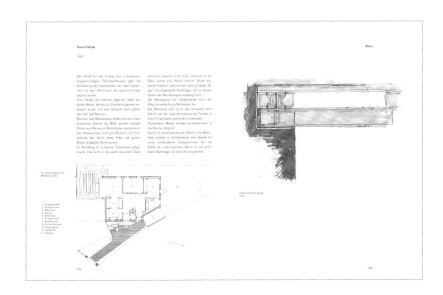

172

底层平面图
比例 1 : 250

1 入口门厅
2 起居室
3 餐厅
4 厨房
5 藏书室
6 卧室
7 浴室
8 带水井的庭院
9 入口庭院
10 花园庭院
11 车库

173

入口门厅里的
钢梁设计草图

174

带水井的庭院设计草图

右页：施工图的平面图与剖面图。
绘图比例 1：10

175

176

水井的施工图

水井细节草图

177

从花园庭院通往
水井庭院的台阶

178

从外侧观察起居室的
玻璃凸窗

从内部观察门与窗的
细部节点

　　起居室的玻璃
　　凸窗；门框细部
　　图纸

179

起居室的玻璃凸窗

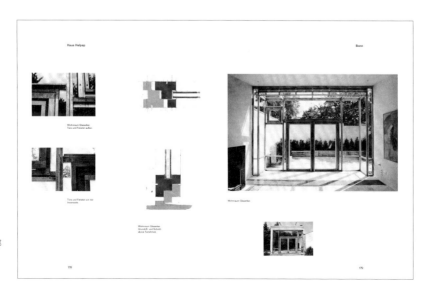

180

连通除风室与
门厅的门

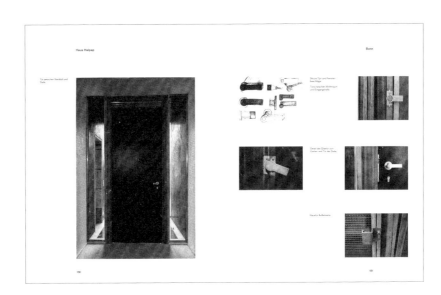

181

门窗五金件的设计草图

门把手细部，起居室与入口
门厅之间的门

门把手细部，通往花园的门
以及门厅的门

门把手细部，房门外侧

霍特曼住宅

（1988年，森登）

建筑处在一片开放式的新建住宅区边缘，朝向河流的漫滩。

工作室的体量狭长，预计要通过它将单层的中庭住宅与未来那栋与之相邻但高得多的建筑连成一体，形成完整的空间。由于周围房屋屋顶的坡度都很陡，这座房子在其中显得尤其低矮。但如果从通贯整层的大门进入中庭，这座房屋又会显得很大。由整石制成的长方形截面砂岩方柱，钢柱头，钢柱脚，显现出发自本质的纪念性的氛围。

中庭的尽端，通过门厅是起居室。厨房与卧室各有朝向中庭的玻璃凸窗，在入口两边就能一览无余。

中央庭院由于周围的玻璃立面而成为亲密的私人空间，通向起居室，其间又有区隔，这就令起居室显得更离世而隐秘。这在某种程度上打破了住宅中通常为房间赋予的意义——用来迎接客人的起居室，一般来说是住宅中较为公共的部分。

北侧一翼中的浴室下降半层，由此产生的平台上通过隔断分割出客卧和更衣室。

屋檐下的玻璃条带将屋顶与实心砖砌的墙体从视觉上分离开来。

墙体的门窗洞口通过外围的浅龛加强了立面分割的韵律。内墙粉刷为白色。起居室的顶棚级级上升，高度为2.7米，其余房间高2.35米。

通向地下室的楼梯间是由长方体延长了半个圆柱体而形成的体量，它由镀锌钢板制成，连接在砖砌墙体的外侧。

182

总平面图
比例 1:1000

183

可见长方形砂岩方柱的中庭内景，望向门厅与起居室的方向

184

短剖面图　1 入口
　　　　　2 中庭
　　　　　3 门厅
比例 1:250　4 有屋顶遮蔽的
　　　　　　起居空间
　　　　　5 带厕所的更衣室
底层平面图　6 餐厅
　　　　　7 厨房
　　　　　8 卧室
　　　　　9 隔断间
　　　　　10 通往浴室与
　　　　　　桑拿室的楼梯
入口立面图　11 书房
　　　　　12 工作室(未建造)
　　　　　13 通往地下室的
　　　　　　楼梯

185

长剖面图,
通过起居室、
门厅与中庭

14 储藏室　地下室平面图
15 浴室与厕所
16 桑拿房
17 客卧(未建造)

东南外立面图

186

入口外景;
从内侧看中庭门;
卧室的凸窗

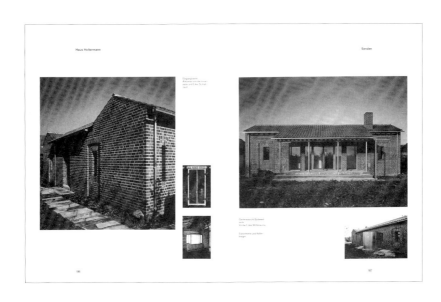

187

西南花园侧外景,
屋檐伸出为起居室遮阳

东南侧外景,
可见通往地下室的楼梯间

188

中庭里的砂岩方柱,
柱头与柱脚节点

砂岩方柱节点设计草图,
比例 1:10

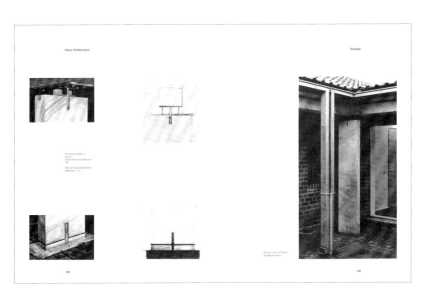

189

中庭角部,
可见砂岩方柱与雨水管

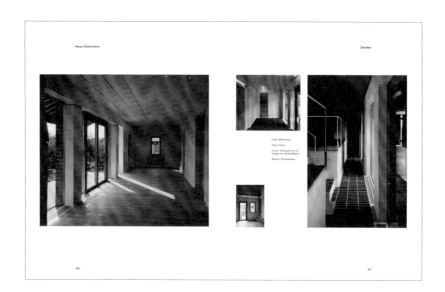

左页：起居室内景

顶图：门厅内景

下图：书房内景，可见通往
隔断间内客卧的台阶

右图：带有隔断的房间

屈嫩住宅

（1988年，凯沃拉尔）

需要进行改扩建的建筑包括住宅和诊所，建造于20世纪80年代中期。它原本没有起居室，进入各个部分的流线也差强人意。

添加中庭作为置序空间，标高与地面齐平，通过街道可以直接进入，但比原有建筑的底层地平低90厘米。藏书室连接在中庭的侧面，花园中央的起居厅则通过起分隔作用的玻璃通道连接在中庭上。

所有新建部分，即中庭、起居室以及计划建造用于容纳餐厅的小亭子，相互之间都略微偏转了角度，中间围绕着一棵大树。

夏季的中庭应当是一处开放的内院，因此在混凝土圆柱之间的玻璃面设计成可以拆卸的隔断。中庭有顶覆盖的部分非常宽敞，甚至可以作为起居空间使用。花园里的起居厅宽3米，高4.5米，其长向的伸展通过中央的半圆龛、石制长凳及固定在地面上的圆桌得到缓和。而在半圆龛处，横向的轴线将视线引向花园墙体上一处计划建造的喷泉。

相比于中庭的露明砖砌墙，起居厅的墙体粉刷为白色；屋顶部分，搭在梭状钢屋脊上并暴露在外的木构件也漆成了白色。抹平的水泥地面在白色的映照下呈现暖灰的色调。

微微反光的地面、白色的围护、山墙上的白色大理石板、山墙顶部圆形的蓝玻璃以及以铝板包裹的门，都让空间显得有些难以接近。这非常容易让人联想到古希腊的建筑艺术，其中的圣堂和庙宇都有类似的特征，只是在尺度上有区别。

192

总平面图
比例1:1000

193

花园起居厅内景

194

从中庭望向起居厅

195

用彩色碳棒绘制的初步
设计草图
比例 1:500

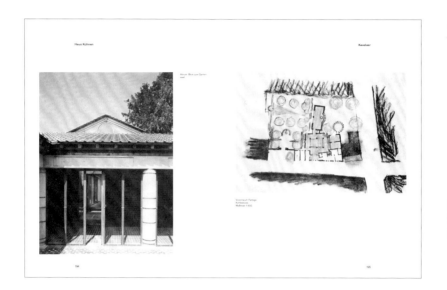

196

剖面图,通过中庭

底层平面图   1 现存入口经
         过改造
         2 中庭
         3 更衣室
         4 藏书室
         5 花园起居厅
比例 1:250   6 厨房(位于现
         存建筑内)
         7 楼梯间(位于
         现存建筑内)
         8 现存的诊所
         部分

197

剖面图,通过中庭与
花园起居厅

剖面图,通过中庭,
可见花园起居厅的背立面

花园起居厅与藏书室的
正立面图

198

中庭屋顶的底面

中庭通往花园起居厅的部分,
望向藏书室的外墙

199

中庭通往藏书室的部分

右图:藏书室旁边通往
花园的次要出入口

中庭内景,   花园门的门
玻璃隔断可   把手与闭锁
拆卸   机关

200

花园起居厅
外观，可见玻
璃通道

花园起居厅
半圆龛外观　花园起居厅内景

201

花园起居厅半圆龛内景

花园起居厅山墙面内景，可
见顶部圆形的蓝玻璃，视线
可以直达中庭

202

藏书室外景，
可见屋檐伸
出荫蔽前方
的区域　花园门的固
　　　　定机关

203

藏书室的檐部构造细节

藏书室内景，搁板由现浇混
凝土制成，地面由砖块与水
泥制成

从外侧看藏书室的窗户

巴巴内克住宅

（1990年，布吕尔）

凉棚顶遮蔽下，树篱之间的一条路引向街面建筑后方一块长着大树的狭长地块。

向里走，即刻就可以看到一面巨大的玻璃墙以及那长长的缓坡屋顶。此时已沉在地面以下的路径终止于钢结构支撑的、逐渐被树荫覆盖的玻璃顶下。

屋脊的走向与门前南北向的路径平行。巨大的玻璃墙围护着走廊与楼梯，宽阔的前院确保了私密性。

这座建筑的平面为窄长方形，砌筑墙构成的体量上有成排的门窗洞口，体现了古埃及台阶式民居的基本形式。

然而当地的气候条件要求对建筑做一层围护，此围护由作为独立结构遮罩在"原初住宅"之上的屋顶和玻璃墙提供。为了在视觉上彰显这个逻辑，玻璃墙要比砌筑的山墙退后几厘米，屋顶则特意脱离砌筑的墙体。

底层4.5米的层高相当阔绰，窄长方的平面极其简洁地分成三个房间。成排的落地窗决定了起居室的空间，几乎没给陈设留下余地。

这座住宅力图表达最严格的建筑秩序，少量材料形成的对比更强化了秩序的表达：50厘米厚的实心砖砌墙体前，平缓而伸展的钢楼梯通向楼上。与此同时，玻璃墙则由紧密排列的非常纤细的钢柱支撑。

204

205

花园立面图

入口立面图

比例 1 : 250

山墙立面图

206

207

底层平面图

比例 1 : 250

二层平面图   顶层平面图

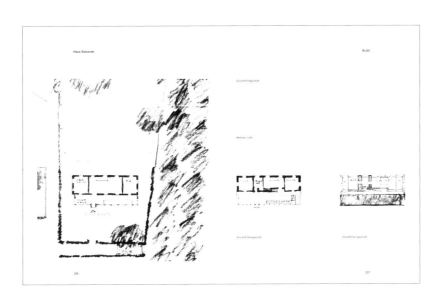

作品目录

1955—1990年

带★号项目为本书重点关注作品

年份	项目名称	项目地点	项目类型	项目描述
1955	宾纳菲尔德住宅 Haus Bienefeld	科隆-韦斯 Köln-Weiß	方案	
1956	赫希特博士住宅 Haus Dr. Hecht	屈尔滕，贝吉施 Kürten, Bergisches Land	新建	原为周末度假住宅。纵深的入口走廊。 墙承重结构体系，外墙挂石板瓦。（已经过改造）
1961	天主教教区 Kath. Kirchengemeinde	贝尔库姆 Berkum	详细规划	
1962	迦密会修道院 Kloster der Karmelitinnen	科隆 Köln	扩建	将由埃米尔·斯特凡开启的扩建继续进行下去。 重构已在1904年拆除的修道院的平面。 为南侧一翼设计并建造了一系列起居室和工作室。 露明建造的实心砖砌墙。
	保尔·纳格尔住宅 Haus Paul Nagel	韦瑟灵-克尔德尼希 Wesseling-Keldenich	修缮	
1963	圣劳伦提乌斯教区教堂 Pfarrkirche St. Laurentius	伍珀塔尔-埃尔伯费尔德 Wuppertal-Elberfeld	修复	对二战后重建的新古典主义教堂 （1835年，阿道夫·冯·瓦格德斯）进行再次改造。 利用冯·瓦格德斯绘制的室内展开图， 重新构造了新古典主义的管风琴楼座。
1964	巴尔克住宅 Haus Balke	科隆-朴尔 Köln-Poll	改建 扩建	以一条横向贯穿的走廊和新的雕塑家工作室扩建了老 房子。原有建筑：砖墙；扩建部分：木框架结构墙， 外立面挂石板瓦，新古典主义山墙。
	老神父公馆 Alte Vikarie	奥费拉特 Overath	修缮	保留了1680年修建的方形的老房子，扩展了19世纪加 建的部分。东西两面立面挂瓦，其余部分粉刷成蓝色。 使用"马默里诺"光面灰泥粉刷起居室（蓝色） 与浴室（朱红色）。现已被毁。
	圣安德烈亚斯教区教堂 Pfarrkirche St. Andreas	韦瑟灵-克尔德尼希 Wesseling-Keldenich	扩建	将罗曼复兴式的教堂空间向外扩展了一个大厅。 将与大厅紧邻的侧廊改为双层拱廊。实心砖砌体。
	圣劳伦提乌斯教区活动中心 Pfarrzentrum St. Laurentius	伍珀塔尔-埃尔伯费尔德 Wuppertal-Elberfeld	竞赛	大厅包含了图书室、阅览室和咖啡厅， 连接了现存的新古典主义建筑。竞赛一等奖， 由其他建筑师负责建造。
	圣阿德尔海德教区教堂 Pfarrkirche St. Adelheid	格尔德恩 Geldern	竞赛 与E.斯特凡 合作	实心的砖砌墙体构筑成的大厅。屋顶支撑在内侧的 柱子上。一条灯带使其边缘与墙体保持距离。

1965	海尔曼住宅 Haus Heiermann	科隆-胥尔特 Köln-Sürth	改建 扩建	原本一层半的房屋，扩建为两层，并扩展出一侧的车辆出入口。带有回廊的庭院以及后侧的建筑是新建的。庭院里铸铁的柱子的构件来自伍珀塔尔原来的路灯。
	克尔德尼希地区规划 Stadtplanung Ortsteil Keldenich	韦瑟灵-克尔德尼希 Wesseling-Keldenich	详细规划 / 独栋住宅： 多恩布什住宅 海帕考森住宅 拉德马赫住宅 缇曼住宅 威申巴赫住宅	规划由独栋住宅组成，如广场一般的街道轴线禁止车辆进入。规划原则得到采纳，房屋则由其他的建筑师完成。
1966	马利兹住宅 Haus Marizy	科隆-明格斯多夫 Köln-Müngersdorf	方案	
	绿地南室内游泳池 Hallenbad Grünzug Süd	科隆-佐尔斯多克 Köln-Zollstock	竞赛 与J. 曼德沙伊德合作	
	韦瑟灵中心规划 Stadtplanung Wesseling-Mitte	韦瑟灵 Wesseling	竞赛	重新组织了位于莱茵河与莱茵河畔铁路线之间的区域。
1967	保尔·纳格尔住宅 Haus Paul Nagel	韦瑟灵-克尔德尼希 Wesseling-Keldenich	改建 / 庭院建造	修整了现存的木框架房屋，1966至1967年间扩建出一个独立的起居厅。灰泥抹面的修道院拱顶，光面灰泥粉刷的墙体。
	埃穆恩德斯住宅 Haus Emunds	利尼希 Linnich	方案	一条路径由街道出发，通过抬高的入口庭院和游廊，通往起居室。若要扩建，则对称地增添一翼。未建造。
	* 圣安德烈主教座堂 Bischofskirche St. André	戈马 / 刚果 Goma / Kongo	竞赛 与J. 曼德沙伊德合作	圆形的建筑，由火山砾石砌成4米厚的墙体围合，墙体内含有走道和楼梯。外廊敞开，利于对流通风，雨季可用木盖板封闭。由桉树树干制成的屋架高度达到室内净高度的三分之一。约两千个座位。
1968	伍特克住宅 Haus Wuttke	科隆-洛登基兴 Köln-Rodenkirchen	修缮 扩建	加高扩建一座不起眼的加建部分，使用了实心砖砌的墙体和复折式的屋顶形状。为另一座较小的旧建筑的外墙挂石板瓦。1969年新建了工作室部分。
	* 圣威利伯德教区教堂 Pfarrkirche St. Willibrord	曼德尔恩-瓦尔德韦勒 Mandern-Waldweiler	新建	竞赛一等奖。在老教堂的遗迹——全砖砌的老圣坛和祈祷室（1520年）上建了一座大厅。建筑不规则的多边形体量由给定的基地形状产生，正好用来限定城市空间。
	保尔·纳格尔住宅 Haus Paul Nagel	韦瑟灵-克尔德尼希 Wesseling-Keldenich	方案	
	* 威廉·纳格尔住宅 Haus Wilhelm Nagel	韦瑟灵-克尔德尼希 Wesseling-Keldenich	新建	由横向的门厅、大厅和门廊主导的空间秩序。实心砖建造。封闭的花园庭院带有藤架覆盖的小径（未建造）。
	措恩斯市政厅 Rathaus Zons	多尔马根 / 措恩斯 Dormagen / Zons	竞赛	向外封闭的墙体成为老城墙的一部分。折叠状的玻璃屋顶覆盖整座建筑。"庭院"同时作为议会召开的大厅。建筑一侧还附有一座婚礼塔。

	法玻尔住宅 Haus Faber	克雷费尔德 Krefeld	扩建设计	以一条横向贯通的侧廊扩建了一栋带有 纺织工坊的小住宅。
1969	圣尼古劳斯教区活动中心 Pfarrzentrum St. Nikolaus	巴特克罗伊茨纳赫 Bad Kreuznach	竞赛 第一、二阶段	将一座大的巴洛克房屋纳入经过细致划分的空间结构，街道空间借此得到表达。在竞赛第一、第二阶段均拔得头筹。未建造。
	希勒伯兰德花园小屋 Gartenhaus Hillebrand	伍珀塔尔-巴尔门 Wuppertal-Barmen	改建	改造建于世纪之交的一座八角形木屋。双坡屋顶的遮蔽超出了原有建筑的范围，由1.5米高的基座上的立柱支撑。
	圣安德烈亚斯教区活动中心与 青少年之家 Pfarrzentrum und Jugendheim St. Andreas	韦瑟灵-克尔德尼希 Wesseling-Keldenich	新建	补充建造扩建于1964年的教区教堂，在教堂的侧面形成一个广场。实心砖砌墙体。中央室外楼梯，如今已被改建。
1970	约瑟夫·法玻尔住宅 Haus Josef Faber	克雷费尔德 Krefeld	新建	只建造了左侧的一半的房屋，而原本设计中是双拼住宅，车辆出入口上方的房间以玻璃围护，可以根据需要归任意一边的住宅使用。门厅通贯两层。天花板使用混凝土以光滑的模板浇注而成，如镜面一般平整。
	圣劳伦提乌斯教堂工作日祈祷 室与法衣室 Werktagskapelle und Sakristei St. Laurentius	伍珀塔尔-埃尔伯费尔德 Wuppertal-Elberfeld	新建	实心砖砌体，外侧粉刷。计划在室内天光处使用雪花石膏板，实际建造使用了玻璃。
	＊弗里林斯多尔夫墓地教堂 Friedhofskapelle Frielingsdorf	林德拉尔-弗里林斯多 尔夫Lindlar-Frielingsdorf	新建	设计中由建筑体量完全围合的庭院只建造了一半。装饰性的天然石砌体，室内以装饰彩带作为主题。窗洞收边使用砖砌制而成。
	天主教教区教堂 Katholische Pfarrkirche	波尔希 Polch	修缮入口	
	薛德拉司医生牙医诊所 Zahnarztpraxis Dr. Hoederath	奥费拉特 Overath	方案	抬高了半层的中庭。 对现存的两层高的房屋进行加建，房屋本身需要改造。
	老年住宅 Altenwohnheim	巴特亨宁根 / 莱茵 Bad Hönningen / Rhein	方案	
1971	天主教教区幼儿园 Kindergarten der Kat. Kirchengemeinde	曼德尔恩-瓦尔德韦勒 Mandern-Waldweiler	方案一、二	带有小游戏间的班级房间是基本的构成元素。坡度平缓的巨大的四坡屋顶由钢柱支撑。
	史普格尔博物馆 Sprengel Museum	汉诺威 Hannover	竞赛 与J. 曼德沙伊 德合作	
1972	圣安德烈亚斯教区神父 办公室 Pfarrbüro St. Andreas	韦瑟灵-克尔德尼希 Wesseling-Keldenich	新建	
	＊帕德住宅 Haus Phade	科隆-洛登基兴 Köln-Rodenkirchen	新建	中庭。实心砖砌墙体，内外均露明。 屋顶材料为空心盖板。
1973	天主教教区教堂 Kath. Pfarrkirche	梅尔特斯多夫 Mertesdorf	竞赛 与J. 曼德沙伊 德合作	陡坡。从上方向下沿着外墙有台阶引入教堂。中央的"街道"上坐落着祭坛、读经台、会幕、祭司席以及管风琴。教众在两侧可以自由移动的座椅上相对而坐。空间在老教堂的遗址上展开。圆形"藏宝室"附在体量的外侧，其中含有老教堂的旧祭坛。

1974	圣阿尔努尔夫教区教堂 Pfarrkirche St. Arnulf	尼克尼希 Nickenich	修缮	设计了中庭，修缮了地面、墙壁和座椅。
	奥登施彼尔，圣波尼法修天主教区，圣约翰内斯礼拜堂 Kapelle St. Johannes der Kath. Kirchengemeinde St. Bonifatius in Odenspiel	威尔德贝尔格胥特-贝尔格霍夫 Wildberger- hütte-Bergerhof	修缮	
	佟住宅 Haus Tong	科隆-洛登基兴 Köln-Rodenkirchen	方案	
	* 圣波尼法修教区教堂与 神父住宅 Pfarrkirche und Pfarrhaus St. Bonifatius	威尔德贝尔格胥特-赖希斯霍夫 Wildberger- hütte-Reichshof	新建	教堂为砾石砌体结构，内墙有斜砌的条带。巨大的双坡屋顶支撑在粗壮的砖砌方柱上。内有陈设布置。神父住宅带有中庭。
1975	圣阿德尔海德教区活动中心 Pfarrzentrum St. Adelheid	波恩-伯伊厄尔 / 普茨希恩 Bonn-Beuel / Pützchen	新建	新建筑位于现有的19世纪大厅旁，大厅与内庭院都以玻璃围合。砖砌体，单坡屋顶。
	* 克略克住宅 Haus Klöcker	林德拉尔-霍凯普尔 Lindlar-Hohkeppel	新建	斜坡上的中廊住宅。外墙挂瓦。建筑物前的场地作为街道空间的延伸。
	圣阿尔努尔夫教区教堂法衣室 Sakristei Pfarrkirche St. Arnulf	尼克尼希 Nickenich	方案	
1976	城市设计 Stadtplanung	奥芬堡 Offenburg	竞赛 与J. 曼德沙伊德合作	
	* 施泰因住宅 Haus Stein	韦瑟灵 Wesseling	修缮 花园建造	建造于世纪之交的系列住宅，钢框架内墙。改造后的平面以门厅为中心。椭圆形的庭院，其中的亭子作为空间和轴线的转折点，介于庭院和花园之间。
	施泰因克住宅 Haus Steinke	科隆-林登塔尔 Köln-Lindenthal	改建 修缮	原本的外墙为陶板。起支撑作用的框架在立面前增加了一个层次。
1977	圣尤都库斯教区教堂 Pfarrkirche St. Jodokus	于德姆-开珀恩 Uedem-Keppeln	修缮 扩建	晚期哥特教堂。圣坛部位改成了长方形。将圣坛原有的三扇窗户进一步敞开直至地面，新的花饰窗格内侧粉刷成白色。
	圣巴尔托洛茅斯教区活动中心 教区教堂与神父住宅 Pfarrzentrum St. Bartholomäus Pfarrkirche und Pfarrhaus	阿伦 Ahlën	竞赛 与G. 胥尔斯曼、J. 曼德沙伊德合作	一处范围较大的设计，包含四个庭院与多个建筑部分，因而更为接近老城的尺度。
	提普科特住宅 Haus Tippkötter	贝吉施-格拉德巴赫 Bergisch-Gladbach	新建	中廊，围绕起居室螺旋上升的楼梯。
1978	圣米歇尔神父住宅 Pfarrheim St. Michael	泰克伦堡 Tecklenburg	竞赛 与J. 曼德沙伊德合作	

	诺贝住宅 一 Haus Nobbe I	阿尔夫特 Alfter	方案	两座独栋住宅围绕着共同的内庭院组合，由车辆进出口分隔开。基地的方位、倾角以及朝向波恩的视线，与业主对两座住宅既要分隔又要共同使用的愿望相矛盾。缓坡的屋顶。
	天主教教区活动中心 Kath. Gemeindezentrum	福埃尔德 Voerde	竞赛	尝试为荒凉的新开发片区构建一个场所，让村庄的核心区域更好地相互关联。
	* 许特住宅 Haus Schütte	科隆-明格斯多夫 Köln-Müngersdorf	新建	位于开放式的独栋住宅区，建筑以一堵沿街的极少开洞的墙体面向街道。建筑前侧的场地没有布置前花园，而是铺砌了路面石。入口厅以及中廊作为秩序元素组织这座住宅复杂的空间。砖砌墙体，内侧外侧均露明。
	圣奥特格尔教区教堂 Pfarrkirche St. Otger	施塔特洛恩 Stadtlohn	竞赛	为了重现这座大型哥特复兴教堂往昔的建筑品质，撤除战后重建使用的混凝土圆柱，以钢缆作为屋架支撑起屋顶。用简单的钢框玻璃窗代替花饰窗格。计划更换室内陈设与地面铺装。
	施笃普住宅 Haus Stupp	科隆-洛登基兴 Köln-Rodenkirchen	新建	通过下沉的内庭院，在封闭的单层建筑里实现了两层的、得到充分设计的起居空间。在建筑前方的场地上铺砌了路面石，街道空间得以延续。车库顶朝向厨房有一屋顶花园。
	德尔库姆住宅 Haus Derkum	斯维斯塔尔-奥尔海姆 Swisttal-Ollheim	改建 修缮	海因茨·宾纳菲尔德的住宅与工作室。原是一座建造于1880年、带有大内院的农庄。屋顶加层。将牛棚改造为起居厅。
1979	* 路德维希博物馆 Museum Ludwig	亚琛 Aachen	竞赛 与J. 曼德沙伊德、E. 兹尔霍弗合作	多层次的环状空间构成圆形的核心空间，与此相连的是呈宽阔圆弧的长长的展廊部分。在屋顶下插入了一系列藏宝室一般的小展室。
	圣亚可比教区教堂 修缮以及对宗教仪式的重新 设计 Pfarrkirche St. Jakobi Restaurierung und liturgische Neugestaltung	科斯费尔德 Coesfeld	竞赛 与J. 曼德沙伊德合作，布景设计艺术由J. 佩朝完成	原本的哥特教堂在战后重建的过程中被建造成罗曼复兴的风格。对新的室内陈设与地面铺装的设计提案最终没有实施。
	圣玛利亚降生教区教堂 Pfarrkirche St. Mariae Geburt	鲁尔河畔的米尔海姆 Mülheim / Ruhr	方案	此教堂由埃米尔·法恩坎普（Emil Fahrenkamp）在1928、1929年时建造，二战后经过改造。方案要对其进行修缮。通过敞开并展示屋架的结构，让原本单调的室内空间显得更丰富，撤除碍事的附加部分。
1980	圣波尼法修教区青少年之家 Jugendheim St. Bonifatius	威尔德贝尔格胥特 Wilbergerhütte	方案	教区中心建设的第三阶段。第一、第二阶段于1974年完成。
	圣尤都库斯教区神父住宅 Pfarrheim St. Jodokus	于德姆-开珀恩 Uedem-Keppeln	新建	单坡屋顶，檐线较高的一侧向着教堂的方向。教堂广场因而由一堵高的砖砌墙体围合。建造由当地的建筑师实施。
1981	珀尔曼住宅 Haus Pohlmann	诺因基兴 Neuenkirchen	室内陈设 第一部分	为一座接近完工的房屋的室内空间进行设计和实施。花园的设计只实现了很小一部分。

	伯伊厄尔文化中心 Kuturelles Zentrum Beuel	波恩-伯伊厄尔 Bonn-Beuel	竞赛 与H. 哈恨贝尔格、E. 兹尔霍弗合作	竞赛任务要求在莱茵河大桥附近混乱的周边环境里建造一座多功能厅和成人继续教育学院。宾菲为此提出了严整而复杂的形式：向外封闭的建筑体包括了一座扁平的柱厅以及两栋横着的狭长体量。 这两个体量相邻布置，其间形成一条通道。
1982	牛市广场边的储蓄所与住宅 Sparkasse und Wohnbebau-ung am Viehmarktplatz	特里尔 Trier	竞赛 与H. 哈恨贝尔格、E. 兹尔霍弗合作	老城的边缘，从前的牛市。通过商店与办公建筑实现了一个完全封闭的广场。周边环境中重要的建筑，例如教堂，通过视线引入广场当中。
1983	* 巴士底歌剧院 Opera de la Bastille	巴黎 Paris	竞赛 与L. 布斯耶格尔、L. 伊瑟仁谭特、E. 乌特合作	歌剧院巨大的体量被塑造成由三个长方体统领的建筑组合，并延续了面前广场的尺度。 公众通过一座大厅从广场来到后侧的观众区域。
	亨德里希斯住宅 Haus Hendrichs	施多茨海姆 Stotzheim	方案	伸展的、狭窄的、阶梯状的建筑体量。其上独立的双坡屋顶，加上一堵长向的、将侧廊分隔开的墙体，共同起到气候封闭的作用。 在这座住宅里实现了古埃及阶梯状民房与欧洲中廊住宅两种范式的统一。
	多米尼克住宅 Haus Dominik	博恩海姆-瓦尔伯贝格 Bornheim-Walberberg	改建 扩建	将一座平屋顶的单层平房改造为坡屋顶的、带有通高两层门厅的双坡屋顶房屋。
	* 赖希-施佩希特住宅 Haus Reich-Specht	阿恩斯贝格 Arnsberg	改建 扩建 与J. 永格合作	将一座山墙面宽阔的系列住宅改成阶梯状，并在旁边添加了一个玻璃房。附有藏书塔与游廊（还未建成）的围墙环绕着整个地块。
	诺贝住宅 二 Haus Nobbe II	阿尔夫特 Alfter	方案	纵长伸展的独栋住宅，带有一个通高两层的大门厅，两边各连着一个房间。前方有开敞的、单层的门廊。
	圣约瑟夫教区教堂 Pfarrkirche St. Josef	林根-拉克斯滕 Lingen-Laxten	修缮	为多米尼库斯·伯姆建造的教堂前厅增添了玻璃面和门，室内陈设适应了新的仪式流程。 后墙上为安置会幕增加了一个壁龛。
	杜霍住宅 Haus Duchow	阿尔夫特-维特施里克 Alfter-Witterschlick	新建 与O. 吉尔拉赫合作	为紧凑的一层半的住宅添加了通高的中廊作为空间秩序元素。砖砌墙体，外侧露明，内侧粉刷。
1984	* 贝雷住宅 Haus Bähre	阿尔格尔米森 Algermissen	新建	由横向贯通的门厅发展出的纵长伸展的住宅。立面带有门廊。附在主屋上的侧屋顶上有屋顶花园。砖砌墙体，外侧露明，内侧粉刷。
	* 格罗德克住宅 Haus Groddeck	巴特德里堡 Bad Driburg	新建 与W. 格雷高里合作	宽阔的屋顶下由两层垒加而成的建筑体量，上层带有环绕的敞廊。通高两层的门厅起到组织空间的作用。砖砌墙体，外侧露明，内侧粉刷。
	* 海因茨-曼克住宅 Haus Heinze-Manke	科隆-洛登基兴 Köln-Rodenkirchen	新建	两层高的双拼住宅。左侧的中厅住宅带有一个内庭院；右侧的双坡住宅体量细长，两层各自容纳一套住房，二层有一条外廊环绕。砖砌墙体，外侧露明，内侧粉刷。

	珀尔曼住宅 Haus Pohlmann	诺因基兴 Neuenkirchen	室内陈设 第二部分	继续进行之前的工作，为两个餐厅、 客卧与书房进行室内设计。
1985	亨德里希斯住宅 Haus Hendrichs	埃尔夫特施塔特-莱谢 尼希 Erftstadt-Lechenich	扩建 与J. 永格合作	为60年代建造的行列式住宅中一户的屋顶花园 增加围护，改造成温室。
	帕尼尔 Pannier	莱茵巴赫 Rheinbach	店铺改造 与G. 苏基安托 合作	老的木框架房屋保留外立面，内部加入了一条精致的 钢制展廊。玻璃墙在底层的退进产生了一个前厅， 并成为想象中的柱廊空间的一部分。
	贝舍尔住宅 Haus Bischer	科隆-玛丽恩堡 Köln-Marienburg	方案	面向街道的双层中厅式住宅、单层的医生诊所以及一 间工作室共同围绕着带水池的内庭院。花园里灌木构 成的尽端处让人联想起巴洛克风格的喷泉建筑。
	达特尔住宅 Haus Dattel	科隆 Köln	方案	大屋顶由带有玻璃侧墙的柱子支撑，覆盖前后两座相 互分离的双层建筑体量。这样的空间布置在长向产生 了一条走廊，在另一侧以及房间之间产生了一个用于 展示的回廊空间。
	城市图书馆 Stadtbücherei	明斯特 Münster	竞赛 与G. 苏基安 托、E. 兹尔霍 弗合作	图书馆与博物馆作为三层高的狭长双坡屋顶体量布置 在老城不规则的基地上。通过建筑体量的安排产生了 诸多通道和视觉通道以及一座广场。
	诺贝住宅 三 Haus Nobbe III	阿尔夫特 Alfter	方案	沿着基地边缘的墙来到两个车库之间的通道，前面正 对着一座两层双坡屋顶体量的窄山墙。再左转通过中 庭庭院即来到一座单层的中廊住宅。
1986	城堡山改造 Neugestaltung Burgberg	巴特明斯特艾费尔 Bad Münstereifel	竞赛 与G. 苏基安托 合作	在城堡广场内侧对四周进行改造， 旨在围合出尺度合宜的空间。
	海洋之星圣母教堂 Kirche Maria Meeresstern	博尔库姆 Borkum	竞赛	现存的哥特复兴风格教堂从功能上翻转了一下。它通 过级级下降的地面连接着新建的大厅，成为新教堂一 侧的耳堂。而新建的大厅又连着另一侧的耳堂与钟塔。 由此产生了长长的沿街立面，以柱廊作为补充。通过 一个内庭院来到供教区活动使用的房间。
	伍特克住宅 Haus Wuttke	斯维斯塔尔-奥尔海姆 Swisttal-Ollheim	方案	狭长的房屋作为工作室使用，厨房处于平台之下。 房屋是砖砌的。与之平行有一座2米宽、由木板覆盖 并涂刷成黄色的木屋，用于容纳其他房间。
	圣保卢斯天主教教区教堂 Kath. Pfarrkirche St. Paulus	蒂门多尔费尔斯特兰德 Timmendorfer Strand	改建 扩建 方案	保留了一堵墙的情况下，计划完全地改造这个小空间： 空间加高、加建带有楼座的侧廊、扩建出新的带有中 庭的建筑部分。
1987	格塞尔住宅 Haus Gsell	埃夫林根-基兴 Efringen-Kirchen	新建 与E. 马尔祖什合作	一层半的中庭住宅，门厅是主要的交通空间。 根据设计，外侧为砾石砌筑墙体，内侧使用砖砌。
	帕帕克里斯图住宅 Haus Papachristou	博恩海姆-瓦尔伯贝格 Bornheim-Walberberg	新建 与R. 库珀尔斯、 S. 雷普克斯 合作	通高两层的门厅连接着两侧的房间以及封闭的庭院。 空间秩序与海因茨-曼克住宅类似，然而楼梯布置在中 央，阻挡了投向庭院的视线。屋顶通过四周以玻璃围 合的拱廊而脱离于实心砖砌的建筑体之上。

	诺贝住宅 四 Haus Nobbe IV	阿尔夫特 Alfter	方案	
	老铁匠铺 Alte Schmiede	斯维斯塔尔-奥尔海姆 Swisttal-Ollheim	修缮一座旧 木框架房屋	
	* 黑尔帕普住宅 Haus Helpap	波恩 Bonn	改造花园庭院 与室内空间， 与I. 施韦尔斯 合作	
	* 圣威利伯德钟塔 Turm St. Willibrord	曼德尔恩-瓦尔德韦勒 Mandern-Waldweiler	新建	是教堂最后一个阶段的建设，以砖作为材料。 （教堂建造于1968年）
1988	* 霍特曼住宅 Haus Holtermann	森登 Senden	新建 与E. 马尔祖 什、E. 舒尔茨 合作	位于开放式的新建住宅区里的单层中庭住宅。 经过开放的中庭进入各个房间。
	* 屈嫩住宅 Haus Kühnen	凯沃拉尔 Kevelaer	改建 扩建 与C·霍夫曼 合作	在现存的带有诊所的住宅上， 通过新的入口连接带有藏书室的中庭。 中庭后的花园里横着一座长而高的起居厅。
	赫克尔住宅 Haus Häcker	海尔布隆 Heilbronn	新建	葡萄园里的一座葡萄农庄，狭长的双坡屋顶体量， 以敞开的工具棚向着山坡的方向继续延伸。 利用一座小门厅划分了空间， 下面是工作室与厨房，上面是起居空间， 屋顶下方有寝间。建筑以砾石砌筑完成。
	施特莱克尔住宅 Haus Strecker	德利格森 Delligsen	新建 与R. 库珀尔斯 合作	封闭的长体量，二层退进。与之平行为 较短较窄的一翼，用来容纳辅助空间， 它不对称的屋顶支撑在砌筑而成的方柱上。 建筑前方的入口庭院沉在地平面以下， 木制的谷仓和供孩子们使用的住宅分列在其两侧。
1989	法尔坎普住宅 Haus Fahlkamp	斯维斯塔尔-奥尔海姆 Swisttal-Ollheim	方案	
	雷米吉乌斯广场改造 Neugestaltung Remigiusplatz	菲尔森 Viersen	竞赛	
	冯斯特住宅 Haus Fenster	波恩 Bonn	方案	
1990	* 巴巴内克住宅 Haus Babanek	布吕尔 Brühl	新建 与J. 希勒合作	基地的入口位于一端，进入的方向与基地长轴垂直。 窄长的砖砌体量层高可观，上层退进。上方的双坡屋 顶与纤细的柱子在房屋的一侧形成了贯通的、 完全由玻璃围合的前厅。
	诺贝住宅 五 Haus Nobbe V	阿尔夫特 Alfter	改建 扩建 方案	

附录

生平		
	1926	出生于克雷费尔德
	1932—1943	学校教育
	1943—1948	劳役，兵役，被俘
	1948	被录取进入科隆工艺学校的宗教/世俗建筑班，师从多米尼库斯·伯姆
	1952	被推荐为杰出学员
	1952—1954	担任多米尼库斯·伯姆的助教
	1954	受美国建筑师的邀请，在美国旅行
	1955—1958	在戈特弗里德·伯姆的事务所里工作
	1959—1963	在埃米尔·斯特凡的事务所里工作
	自1963年起	作为自由职业建筑师独立承接项目
	1984	临时代理乔治·索姆斯教授在伍珀塔尔大学的教席
	1986/1987	在特里尔专科高等学校担任冬季/夏季学期的教学

建筑奖		
	1975	科隆建筑奖：圣安德烈亚斯青少年之家
	1979	莱茵兰-普法尔茨建筑师公会嘉奖：
		圣威利伯德教区教堂，瓦尔德韦勒
	1980	科隆建筑奖：施笃普住宅
	1985	科隆建筑奖：许特住宅
	1985	德国建筑师联合会北莱茵-威斯特法伦嘉奖：城市修复

展览		
	1984	"直至细部的设计"，布伦瑞克工业大学
	1985	"今日建造"，法兰克福建筑博物馆
	1988	"直至细部的设计"，布伦瑞克工业大学
	1989	"详解新建筑"，彼勒菲尔德艺廊，
		与戈特弗里德·伯姆和卡尔约瑟夫·沙特纳共同展出
	1989	"艺术家住宅——一部私人的建筑史"，
		法兰克福建筑博物馆

出版物

*   海因茨·宾纳菲尔德的文字

《关于建筑》   Baumeister 12/1982. S. 1168-1169
《关于材料表面与空间效果的相互影响》   ARCH+, Nr. 84. 3/1986. S. 31-33
《以石建造·访谈》   ARCH+, Nr. 84. 3/1986. S. 24-30
《细部·访谈》   ARCH+, Nr. 87. 11/1986. S. 41-46

*   已出版的作品全集或多个作品合集

《海因茨·宾纳菲尔德的住宅建造》   Baumeister 12/1982
《住宅建造》   ARCH+ Nr. 62. 4/1982. S.52-55
《海因茨·宾纳菲尔德的建筑》（英文）   Architecture and Urbanism a+u. 7/1983
《空间在建造艺术中的重要性——海因茨·宾纳菲尔德的   ARCH+ Nr.79.1/1985.S. 32-36
住宅平面》（曼弗雷德·施派德尔）
《住宅建造》   architectur (Schweden). 12/1985
《海因茨·宾纳菲尔德的建筑》   PROLEGOMENA 51. Institut für Wohnbau. TU Wien, 1985
《记事本·建筑与城市规划》（加泰罗尼亚语）   Januar, Februar, März 1986 (Barcelona)
《建筑肖像》   Große Architekten. H_user. 3/1986
《立面特辑》   Edition Detail. Band 1 Köln, 1988 Hrsg. M. von Gerkan
《楼梯特辑》   Edition Detail. Band 4 Köln, 1988 Hrsg. M. von Gerkan
《详解新建筑——海因茨·宾纳菲尔德、戈特弗里德·   Bielefeld, 1989
伯姆与卡尔约瑟夫·沙特纳》（乌尔利希·威斯纳）
《海因茨·宾纳菲尔德的三座住宅》   db Deutsche Bauzeitung 3/1989
《建筑大师》   Häuser. Neckarsulm 1988 S. 59-70

*   已出版的单个作品介绍

圣威利伯德教区教堂，瓦尔德韦勒   Kunst und Kirche. 1/1976. S. 107, 108, 119
                                                                                              Art d'Eglise. 178.1977. S. 105-111
                                                                                              Baumeister. 1/1980. S. 153-155
                                                                                              Baumeister. 4/1981. S. 105-111
                                                                                              Bauen in Deutschland. Stuttgart 1982. S. 299-300
                                                                                              Randal S. Lindstrom. Creativity and Contradiction.
                                                                                                  European Churches Since 1970. AIA Press, Washington,
                                                                                                  D.C. 1988 S. 192

纳格尔住宅   Architektur & Wohnen. 4/1985. S. 44-49
                                                                                              Baldur K_ster. Klassizismus Heute. Berlin 1987. S. 54
                                                                                              ARCHITECTURAL DESIGN. 5-6/1987

墓地教堂，弗里林斯多尔夫	Steinmetz + Bildhauer. 11/1983. S. 899-900
	Baumeister 10/1982. S. 992-993
帕德住宅	D-Extrakt. 18/1979
	L'architecture d'aujourdhui 1980 1980 S.
	Annemarie Mütsch-Engel. Wohngeb_ude Wand an Wand.
	Leinfelden-Echterdingen, 1980 S. 166-167
	Schöner Wohnen 10/1984. S. 166-170
圣波尼法修教区教堂，威尔德贝尔格胥特	Steinmetz + Bildhauer. 4/1983. S. 253-155
	Baumeister 19/1982. S. 994-997
许特住宅	architektur & wohnen. 4/1983. S.24-29
	Detail. 1/1984. S. 39-42
	Die Kunst. 5/1985.
	Ideales Heim (Schweiz). 5/1987. S. 40-47
	Design in Köln. Hrsg. Stadt Köln. 1989.
	Dachatlas 1991. S. 304-305
施笃普住宅	Annemarie Mütsch-Engel. Wohnen unter schrägem Dach.
	Leinfelden-Echterdingen, 1982. S. 82-83
德尔库姆住宅	architektur & wohnen. 1/1984. S. 114-121
	DAIDALOS. Nr. 32.1989. S. 113-117
	Künstlerhäuser. Ausstellungskatalog. 1989.
	Architekturmuseum Frankfurt/M. S. 194-195
巴士底歌剧院	Bauwelt. 8/1984. S. 295
海因茨-曼克住宅	Baumeister. 6/1988. S. 15-21
	Perspecta 25.1989. S. 218-225
	Detail. 2/1990. S. 150-151
	Häuser. 3/1990. S. 38-47
黑尔帕普住宅	Detail. 3/1989. S. 226-228

照片来源

希格里德·巴尔克，科隆	弗雷德·克略克，霍凯普尔
尤尔根·贝克尔，汉堡	塞巴斯蒂安·雷格，柏林
阿西姆·贝德诺茨，科隆	曼弗雷德·施派德尔，亚琛
克里斯托弗·海德，亚琛	哈尤·韦里希，汉堡
多罗西亚·海尔曼，科隆	约尔格·韦恩德，本斯贝尔格

图书在版编目（ＣＩＰ）数据

海因茨·宾纳菲尔德：建筑与方案：中文、德文 /
(德) 曼弗雷德·施派德尔, (德) 塞巴斯蒂安·莱格编著;
龚晨曦, 张妍译. -- 上海：同济大学出版社, 2019.12
　　ISBN 978-7-5608-8899-6

　　Ⅰ.①海... Ⅱ.①曼... ②塞... ③龚... ④张... Ⅲ.
①建筑设计－作品集－德国－现代 Ⅳ.①TU206

　　中国版本图书馆CIP数据核字(2019)第286349号

出 版 人 ······ 华春荣
策　　　划 ······ 周伊幸　秦蕾 / 群岛工作室
特约编辑 ······ 周伊幸
责任编辑 ······ 杨碧琼
责任校对 ······ 徐春莲
装帧设计 ······ 付超
版　　　次 ······ 2019年12月第1版
印　　　次 ······ 2019年12月第1次印刷
印　　　刷 ······ 联城印刷（北京）有限公司
开　　　本 ······ 889mm × 1194mm 1/16
印　　　张 ······ 5.75
字　　　数 ······ 184 000
书　　　号 ······ ISBN 978-7-5608-8899-6
定　　　价 ······ 328.00元（全二册）
出版发行 ······ 同济大学出版社
地　　　址 ······ 上海市四平路1239号
邮政编码 ······ 200092

联系"光明城" ······ info@luminocity.cn

同济大学出版社 TONGJI UNIVERSITY PRESS